Пурия Заршенас
Элахех Хагбин
Мехран Амир Бейги

Искусственный интеллект в химии

Пурия Заршенас
Элахех Хагбин
Мехран Амир Бейги

Искусственный интеллект в химии

Изучение стратегии "теории выбора Глейзера" и "теории игр" при синтезе химических соединений

ScienciaScripts

Cover image: www.ingimage.com

This book is a translation from the original published under ISBN 978-620-6-78868-3.

Publisher:
Sciencia Scripts
is a trademark of
Dodo Books Indian Ocean Ltd. and OmniScriptum S.R.L publishing group

120 High Road, East Finchley, London, N2 9ED, United Kingdom
Str. Armeneasca 28/1, office 1, Chisinau MD-2012, Republic of Moldova, Europe
Printed at: see last page
ISBN: 978-620-6-64777-5

Содержание

Эта книга представлена с почетом и уважением

К козырю персидского языка

Его Превосходительство Хафез Ширази[1]

Тот, кто своими стихами о любви

Глобализация славы столицы любви...

Шираз!

С бесконечной любовью и уважением

((Во имя Бога, сострадающего и милосердного))

[1] Хвадже Шамс-од-Дин Мохаммад Хафез-е Шираз, известный под псевдонимом Хафез и как "Хафиз", - персидский лирический поэт, собрание сочинений которого многие иранцы считают вершиной персидской литературы.

Предисловие

Химики традиционно полагались на эксперименты для сбора данных и их анализа с целью углубления понимания химии. Однако начиная с 1960-х годов были разработаны компьютерные методы, помогающие химикам в этом процессе, что привело к появлению новой дисциплины, известной как хемоинформатика. Эта область нашла применение в различных областях, таких как открытие лекарственных препаратов, аналитическая химия и материаловедение. Одним из подходов, получивших широкое распространение в последние годы, является использование искусственного интеллекта (ИИ) в химии. ИИ используется для решения таких задач, как прогнозирование свойств молекул, конструирование новых молекул, проверка предлагаемых условий ретросинтеза и реакций. Его использование привело к значительному прогрессу в области исследований и разработок лекарственных средств за счет снижения затрат и решения временных проблем. Несмотря на эти достижения, концепция ИИ в химии остается относительно малоизученной. В последние годы наблюдается значительный рост использования искусственного интеллекта (ИИ) в химии. Значительно увеличилось количество как журнальных, так и патентных публикаций, особенно с 2015 года. Аналитическая химия и биохимия продемонстрировали наибольшую интеграцию ИИ и самые высокие темпы роста. Таким образом, в данном обзоре представлен всеобъемлющий обзор развития ИИ в различных областях химии, а также дано представление о его будущих направлениях для научной аудитории.

Теперь, когда о теории игр сказано достаточно, я хочу простыми словами констатировать тот факт, что на самом деле можно производить химические соединения, используя искусственный интеллект и хорошие стратегии, такие как теория игр и теория отбора. Проще и быстрее.

Главное, что следует отметить, это то, что при использовании этого метода достижение окончательного ответа, особенно в производстве фармацевтической продукции, происходит гораздо проще, точнее и быстрее.

Итак,

Дамы и господа!

Добро пожаловать в век искусственного интеллекта!

Глава 1

Химия в эпоху искусственного интеллекта

Все хотят быть знаменитыми, но никто не хочет делать работу. Это может произойти через год, а может и через 30 лет. В конце концов, ваш упорный труд окупится.

-Кевин Харт

Когда я был студентом, у меня всегда были проблемы с синтезом химических соединений! Мне всегда было интересно, почему мы должны как-то сохранять методику синтеза различных материалов!

Эта проблема беспокоила меня до такой степени, что в период появления нового поколения смартфонов она натолкнула меня на мысль найти способ компьютеризировать исходные химические соединения, чтобы они соединялись друг с другом и получали нужный продукт. На самом деле я думал об алгоритме!

В то время я еще ничего не знал о программировании и науке о данных, а машинное обучение и искусственный интеллект еще не были так развиты. Моя идея оставалась стерильной до тех пор, пока я не познакомился с искусственным интеллектом; это начало новой эры в химии!

Химия в эпоху искусственного интеллекта

В 1956 году Джон Маккарти ввел термин "искусственный интеллект" для обозначения раздела информатики, связанного с процессами машинного обучения, которые могут выполнять задачи, обычно требующие человеческого интеллекта. Речь идет о воспроизведении человеческого интеллекта в машинах, что стало важнейшим аспектом технологической отрасли благодаря возможности сбора и анализа данных при низких затратах и обеспечении безопасной рабочей среды. Искусственный интеллект имеет множество применений, включая обработку естественного языка, рассуждения и принятие стратегических решений. Он также может модифицировать объекты в соответствии с конкретными требованиями. Искусственный интеллект не ограничивается инженерной сферой, он также находит широкое применение в химической промышленности. Он полезен для проектирования молекул и прогнозирования их свойств, таких как температура плавления, растворимость, стабильность, уровни HOMO/LUMO и др. Кроме того, искусственный интеллект помогает в открытии лекарств, определяя молекулярные структуры и их влияние на химические вещества. Этот процесс занимает много времени из-за своей многоцелевой природы, однако искусственный интеллект может ускорить его за счет использования ранее доступных наборов данных. Таким образом, искусственный интеллект - это важнейший компонент современных технологий, позволяющий машинам копировать человеческий интеллект и выполнять сложные задачи. Его применение выходит за рамки инженерной науки и включает в себя такие области, как химия, где он помогает в открытии лекарств и молекулярном дизайне. Такое сочетание позволяет разрабатывать современные системы очистки воды, обеспечивающие высокую эффективность удаления загрязняющих веществ из водных источников. С помощью нанотехнологий можно создавать материалы с уникальными свойствами, позволяющими избирательно удалять из воды те или иные загрязняющие вещества. Искусственный интеллект позволяет оптимизировать работу этих материалов и обеспечить их наиболее эффективное использование. Кроме того, эта технология может быть использована для мониторинга качества воды в режиме реального времени, что позволяет выявлять возможные случаи загрязнения на ранней стадии. Это особенно важно в районах, где доступ к чистой воде ограничен или где есть опасения по поводу безопасности питьевой воды. В целом сочетание искусственного интеллекта и нанотехнологий способно произвести революцию в области очистки и рационального использования водных ресурсов. Это мощный инструмент для решения некоторых из наиболее острых экологических проблем, стоящих сегодня перед нашим обществом.

В химии произошло значительное увеличение объема данных, которое совпало с появлением мощной вычислительной техники. Это позволило использовать компьютеры для выполнения математических операций, например, необходимых для квантовой механики, которая является основой химии. Такой дедуктивный подход к обучению предполагает использование теории для получения данных. Однако было также обнаружено, что компьютеры могут использоваться для выполнения логических операций, а для обработки данных и информации может быть разработано программное обеспечение, что приводит к индуктивному обучению. Например, для понимания биологической активности того или иного соединения необходимо знать его структуру. Анализируя множество наборов структур и соответствующих им биологических активностей, можно обобщить и получить знания о связи между структурой и биологической активностью. Эта область известна как хемоинформатика и возникла на основе компьютерных методов, разработанных в 1960-х годах для индуктивного обучения в химии.

Первоначально были разработаны методы представления химических структур и реакций в компьютерных системах. Впоследствии для индуктивного обучения была введена хемометрика - область, объединяющая статистические методы и методы распознавания образов. Эти методы были применены для анализа данных аналитической химии. Однако химики также стремились решать сложные вопросы, такие как:

1) Определение необходимой структуры для желаемого объекта недвижимости;
2) Синтез требуемой структуры;
3) Прогнозирование результатов реакции.

Для количественного прогнозирования свойств исследователи установили количественные зависимости "структура-свойство-активность" (QSPR и QSAR). На ранних этапах были предприняты усилия по разработке компьютерных средств проектирования синтеза. Наконец, для ответа на третий вопрос потребовались автоматические процедуры выяснения структуры.

Искусственный интеллект

Уже на ранних этапах развития химии было признано, что разработка систем прогнозирования свойств, проектирования синтеза и выяснения структур в химии потребуст значительной концептуальной проработки и передовых компьютерных технологий. В связи с этим в химии стали применяться новые методы информатики, в том числе и методы, относящиеся к области искусственного интеллекта. Такие публикации, как "Применение искусственного интеллекта для химических выводов", появились благодаря проекту DENDRAL в Стэнфордском университете, целью которого было предсказание структуры соединений по масс-спектрам. Несмотря на сотрудничество известных химиков и компьютерщиков и активные разработки, проект DENDRAL был прекращен по разным причинам, в том числе из-за падения авторитета искусственного интеллекта в конце 1970-х гг. Однако в последние годы наблюдается возрождение искусственного интеллекта в целом и его применения в химии в частности. Это объясняется рядом факторов, таких как доступность больших объемов данных, увеличение вычислительной мощности и появление новых методов обработки данных. Эти методы часто называют "машинным обучением", хотя четкого разграничения между этим термином и искусственным интеллектом нет.

Базы данных

Первоначально для обработки и создания баз данных химических структур и реакций исследовались различные компьютерные представления химических структур. Предпочтение отдавалось линейным представлениям из-за их лаконичности, но они требовали значительного набора правил для кодирования. Однако с быстрым развитием компьютерной техники все более доступным и дешевым становилось пространство для хранения данных, что позволило кодировать химические структуры таким образом, который открывал широкие возможности для обработки и манипулирования структурами. В конце концов, нормой стало представление химических структур таблицами связей - списками атомов и связей. Это позволяет представлять информацию о структуре с атомным разрешением и получать доступ к каждой связи в молекуле. Несмотря на этот переход, один линейный код - нотация SMILES - по-прежнему широко используется благодаря простоте преобразования в таблицу соединений и удобству обмена информацией о химической структуре в Интернете. Молекулярную структуру можно рассматривать как математический граф. Для адекватного хранения и извлечения информации о химических структурах необходимо было решить различные проблемы теории графов, такие как однозначная нумерация атомов в молекуле, восприятие кольца, восприятие таутомера и т.д. Использование таблиц связей позволило разработать методы поиска полной структуры, подструктуры и сходства.

Прогнозирование свойств

Этот подход известен как количественное моделирование взаимосвязи структура-активность (QSAR). Модели QSAR успешно используются для прогнозирования широкого спектра свойств, включая токсичность, биоактивность и физические свойства, такие как растворимость и температура плавления. Другим подходом к прогнозированию свойств является использование алгоритмов машинного обучения. Эти алгоритмы позволяют анализировать большие объемы данных и выявлять закономерности, которые могут быть использованы для прогнозирования. Машинное обучение применяется для решения различных химических задач, включая открытие лекарств и разработку материалов. В целом способность предсказывать химические свойства необходима для открытия лекарств, материаловедения и многих других областей. Развитие методов обработки химических структур и создание баз данных позволило создать мощные инструменты для прогнозирования свойств и ускорения научных открытий.

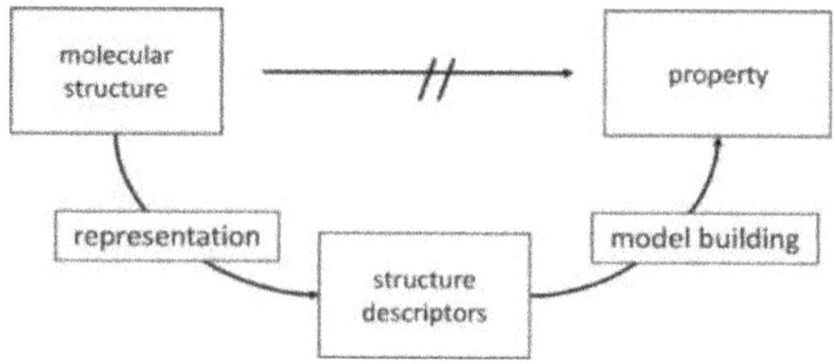

Такой подход известен как Quantitative Structure Property/Activity Relationship (QSPR, QSAR). В настоящее время разработано множество различных методов расчета дескрипторов структуры. Они представляют молекулы со все большей детализацией: одномерные, двумерные, трехмерные дескрипторы, представления свойств молекулярной поверхности и даже учет гибкости молекул. Также существует достаточно большое разнообразие математических методов моделирования связи между молекулярными дескрипторами и свойством соединения. Это индуктивные методы обучения, которые иногда объединяют под названиями "методы анализа данных", "машинное обучение" или "интеллектуальный анализ данных". К ним относятся такие методы, как простой мультилинейный регрессионный анализ, различные методы распознавания образов, случайные леса, машины опорных векторов и искусственные нейронные сети. Искусственные нейронные сети (ИНС) пытаются моделировать обработку информации в человеческом мозге и обладают большим потенциалом для изучения химических данных. Для установления связи между молекулярными дескрипторами и свойством необходимо приписать значения, так называемые веса, связям между нейронами. Чаще всего это достигается с помощью так называемого алгоритма обратного распространения путем многократного предъявления пар молекулярных дескрипторов и их свойств, причем число итераций нередко достигает десяти тысяч и более. Преимущество ИНС состоит в том, что математическую связь между входными и выходными единицами не нужно задавать или знать; она неявно заложена в весах и может включать в себя нелинейные зависимости. Заманчиво было предположить, что с появлением искусственных нейронных сетей область искусственного интеллекта вновь пробуждается. И действительно, в последние годы во многих областях, в том числе и в химии, появились такие термины, как глубокое обучение или глубокие нейронные сети, которые обеспечивают возрождение области искусственного интеллекта. Глубокая нейронная сеть (обратите внимание, что сеть повернута на 90 градусов по сравнению с изображенной на рисунке).

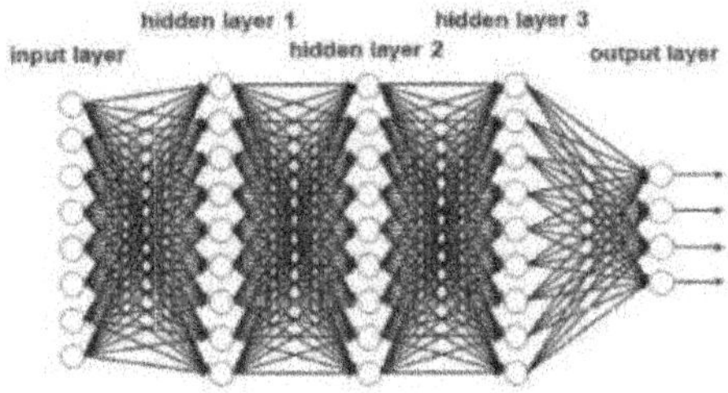

Глубокие нейронные сети (ГНС) имеют достаточно сложную архитектуру с несколькими скрытыми слоями, что приводит к необходимости определения большого количества весов для связей во избежание перегрузки. Для получения сетей, обладающих истинной предсказательной способностью, необходимо разработать новые подходы и алгоритмы. Для получения действительно предсказательных моделей глубоким нейронным сетям требуется большой объем данных для обучения. Большинство приложений ДНС было сделано для разработки лекарств и анализа данных о реакциях (см. ниже).

Прогнозирование реакций и компьютерное проектирование синтеза (CASD)

Эти новые системы используют алгоритмы машинного обучения и глубокие нейронные сети для прогнозирования реакций и предложения путей синтеза. Точность этих систем значительно повысилась, а некоторые из них достигли более 90% успешности в предсказании реакций и предложении синтетических маршрутов. Такие системы способны произвести революцию в области органического синтеза, позволив химикам разрабатывать новые молекулы и синтезировать их более эффективно. Однако до сих пор остаются нерешенными такие проблемы, как необходимость создания более полных баз данных реакций и разработка более точных моделей машинного обучения. Тем не менее, прогресс, достигнутый в последние годы, позволяет предположить, что в будущем компьютерное проектирование синтеза будет становиться все более важным инструментом для химиков-органиков. Развитие систем компьютерного проектирования синтеза (CASD) до недавнего времени сдерживалось из-за ограниченности баз данных реакций и процедур поиска. Однако с появлением больших баз данных реакций и новых алгоритмов обработки данных были разработаны системы CASD, использующие алгоритмы машинного обучения и глубокие нейронные сети для прогнозирования реакций и предложения путей синтеза. Эти системы достигли высокого уровня успешности в предсказании реакций и предложении синтетических маршрутов, что может привести к революции в органическом синтезе. Тем не менее, остаются нерешенные проблемы, такие как необходимость создания более полных баз данных реакций и более точных моделей машинного обучения. Также были разработаны методы расчета значений таких понятий, как синтетическая доступность или текущая сложность, которые помогут химикам в выборе молекул для дальнейших исследований. Сочетание больших баз данных о реакциях с новыми алгоритмами обработки данных привело к развитию систем CASD, сделав их ценным инструментом для химиков-органиков при планировании лабораторных работ.

Системы компьютерного проектирования синтеза (CASD) в последнее время стали ценным инструментом для химиков-органиков, чему способствуют наличие больших баз данных реакций и новые алгоритмы обработки данных. Алгоритмы машинного обучения и глубокие нейронные сети используются для предсказания реакций и предложения путей синтеза, достигая высоких показателей успешности. Однако остаются нерешенными такие проблемы, как необходимость создания более полных баз данных реакций и более точных моделей машинного обучения. Также были разработаны методы расчета значений таких понятий, как синтетическая доступность или текущая сложность, которые помогают химикам отбирать молекулы для дальнейших исследований. Сочетание больших баз данных реакций с новыми алгоритмами обработки данных позволило довести CASD-системы до совершенства и сделать их перспективным инструментом для планирования лабораторных работ. Кроме того, комбинированное использование методов биоинформатики и хемоинформатики привело к интересным открытиям в области изучения биохимических путей, включая определение основных путей развития заболеваний пародонта и выведение путей образования вкусовых веществ в сыре молочнокислыми бактериями. Наконец, новые методы искусственного интеллекта, такие как архитектуры глубокого обучения, применяются для предсказания метаболических путей, открывая захватывающие возможности для редизайна путей.

Открытие косметической продукции

В последние годы методы хемоинформатики и биоинформатики, хорошо зарекомендовавшие себя при создании лекарственных препаратов, такие как молекулярное моделирование, дизайн на основе структуры, моделирование молекулярной динамики и экспрессии генов, стали применяться и при разработке новых косметических средств. Так, были разработаны новые увлажняющие средства для кожи и антивозрастные составы. В Европейском союзе принят закон о косметической директиве, согласно которому в косметические средства больше не разрешается добавлять химические вещества, которые были протестированы на животных. Это дало большой толчок к созданию компьютерных моделей для прогнозирования токсичности химических веществ, которые потенциально могут быть включены в состав косметической продукции.

Материаловедение

Прогнозирование свойств материалов является, пожалуй, наиболее активной областью хемоинформатики. Исследуются различные свойства наноматериалов, материалов для регенеративной медицины, солнечных батарей, гомогенных и гетерогенных катализаторов, электрокатализаторов, фазовых диаграмм, керамики или свойств сверхкритических растворителей. Появились обзоры. В большинстве случаев химическая структура исследуемого материала неизвестна, поэтому для представления материала в QSAR-исследовании приходится выбирать другие типы дескрипторов. Материалы могут быть представлены физическими свойствами, такими как коэффициент преломления или температура плавления, спектрами, компонентами или условиями производства материала и т.д. Использование методов хемоинформатики в материаловедении особенно актуально, поскольку в большинстве случаев интересующие свойства зависят от многих параметров и не могут быть рассчитаны напрямую. Модель QSAR позволит создать новые материалы с нужными свойствами.

Управление технологическими процессами

Проблема обнаружения неисправностей в химических процессах и управление технологическими процессами уже достаточно давно нашли применение искусственным нейронным сетям. Общий курс по применению искусственного интеллекта в управлении технологическими процессами был разработан шестью европейскими университетами. Химические процессы быстро генерируют множество данных о потоках химических веществ, концентрации, температуре, давлении, распределении продуктов и т.д. Эти данные необходимо использовать для распознавания возможных неисправностей в процессе и быстрого возвращения его к оптимальному состоянию. Взаимосвязь между различными данными, получаемыми от датчиков, и количеством желаемого продукта не может быть задана в явном виде, что делает этот случай идеальным для применения мощных методов моделирования данных. Было получено достаточно много отличных результатов для таких процессов, как нефтехимические или фармацевтические процессы, водоподготовка, сельское хозяйство, производство чугуна, денитрация выхлопных газов, работа дистилляционной колонны и т.д.

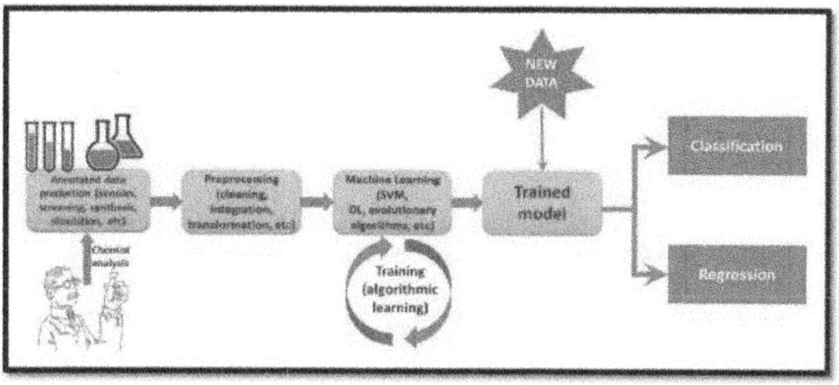

Стандартный путь ML - от получения данных до классификации или вывода.

Идентификация соединений с помощью генетических алгоритмов

Биоинспирированные вычисления подразумевают разработку процедур, имитирующих механизмы, наблюдаемые в естественной среде. Например, генетические алгоритмы вдохновлены концепцией эволюции Чарльза Дарвина и используют принцип "выживает сильнейший" для оптимизации. В этом процессе активные соединения скрещиваются и мутируют, образуя новые соединения с новыми свойствами. Соединения, проявляющие полезные свойства, отбираются для дальнейшего синтеза, а те, которые не обладают полезными свойствами, игнорируются. Через несколько поколений появляются новые функциональные соединения с унаследованными и приобретенными свойствами. Этот процесс требует точного моделирования состава, соответствующих методов мутации и надежных оценок пригодности, которые могут быть получены вычислительным путем, что снижает необходимость проведения дорогостоящих экспериментов. В генетических алгоритмах каждая композиционная или структурная особенность соединения рассматривается как ген. К химическим генам относятся такие факторы, как индивидуальные компоненты, размер полимерного блока, состав мономеров, температура переработки. Геном содержит все гены комбинации, а полученные свойства называются фенотипом. Генетические алгоритмы сканируют пространство поиска генных доменов для выявления наиболее подходящих фенотипов на основе функции приспособленности. Взаимосвязь между геномом и фенотипом создает перспективу пригодности, как показано на рисунке ниже для двух гипотетических генов, связанных с процессами синтеза полимеров, нацеленных на высокую скорость отверждения. Перспектива пригодности неявно присутствует в модели задачи, определяемой доменами генов и фитнес-функцией. Генетический алгоритм движется по ландшафту, генерируя новые комбинации и избегая комбинаций, которые не улучшают пригодность. Этот механизм повышает вероятность достижения желаемых свойств. Биоинспирированные вычисления подразумевают подражание природным механизмам для разработки методов оптимизации. Генетические алгоритмы, вдохновленные концепцией эволюции Чарльза Дарвина, используют принцип "выживает сильнейший" для создания новых комбинаций с новыми характеристиками. Каждый признак рассматривается как комбинация генов, а геном включает в себя все гены комбинации, в результате чего получается фенотип. Генетические алгоритмы сканируют пространство поиска доменов генов для выявления наиболее подходящих фенотипов на основе функции приспособленности. Взаимосвязь между геномом и фенотипом создает ландшафт пригодности, который неявно присутствует в модели задачи, определяемой генными доменами и функциями пригодности. Этот механизм повышает вероятность достижения желаемых свойств. Эффективность генетических алгоритмов была показана в различных областях, включая оптимизацию катализаторов и материаловедение.

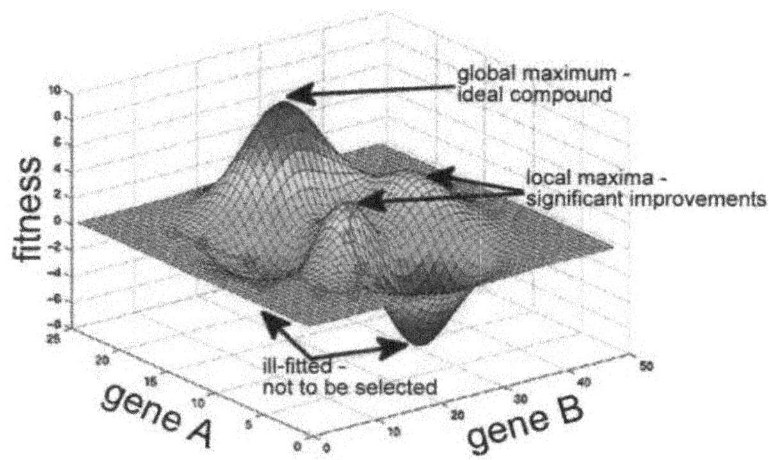

Ландшафт пригодности, рассматривающий два гипотетических гена, например, размер блока и температуру переработки при синтезе полимера. В качестве фитнес-функции может выступать, например, твердость. Ландшафт содержит локальные максимумы, глобальный максимум и глобальный минимум. Красным цветом выделен путь генетического алгоритма на протяжении 11 итераций.

Прогнозирование синтеза с помощью ML

Сложная задача синтеза новых соединений, особенно в органической химии, привела к поиску машинных методов, позволяющих прогнозировать получение молекул из заданного набора реактивов и реагентов. В 1969 году Кори и Випке использовали шаблоны, созданные экспертами-химиками, для определения перегруппировки связей между атомами при определенных условиях. Однако ограниченный набор шаблонов не позволял охватить широкую область условий. Использование шаблонов или правил для передачи знаний от человека-эксперта к компьютеру вновь приобрело интерес в связи с возможностью автоматической генерации правил на основе больших массивов данных, как это наблюдается в медицине и материаловедении. Методы машинного обучения, такие как нейронные сети, оказались успешными в прогнозировании результатов ретросинтеза на основе больших массивов данных. Глубокое обучение представляется наиболее перспективным подходом для исследования больших пространств поиска. Недавние эксперименты с использованием ML-алгоритмов предсказания связей на графе знаний, построенном из миллионов бинарных реакций, показали высокую точность предсказания продуктов и обнаружения маловероятных реакций.

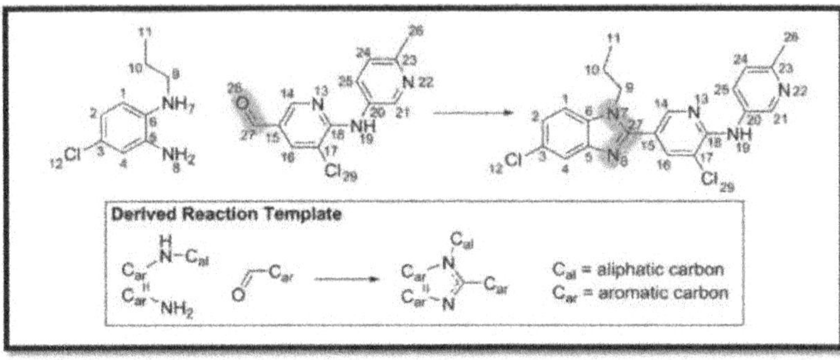

Пример реакции и соответствующего ей шаблона реакции. Реакция протекает в выделенных зеленым цветом областях. Соответствующий шаблон включает реакционный центр и близлежащие функциональные группы.

Воспроизведено из Поиск машинных методов предсказания молекул, образующихся из заданного набора реактивов и реагентов, в органической химии привел к использованию шаблонов и правил для передачи знаний от человеческих экспертов к компьютерам. Однако ограниченные наборы шаблонов не позволяют этим методам охватить широкий спектр условий. Недавние эксперименты с использованием методов машинного обучения (МОО), таких как нейронные сети и глубокое обучение (ГОО), показали высокую точность предсказания продуктов и выявления маловероятных реакций. Глубокое обучение представляется наиболее перспективным подходом для исследования больших пространств поиска и используется для прогнозирования результатов химических реакций путем усвоения скрытых паттернов для обобщения на основе множества примеров.

Химический язык SMILES используется в DL-моделях для представления молекулярных структур в виде графов и строк, поддающихся вычислительной обработке. ДНН были использованы для предсказания реакций с превосходной производительностью по сравнению с предыдущими экспертными системами, основанными на правилах, и достигли точности 97% на валидационном наборе из 1 млн. реакций. Кроме того, ДНН использовались для отображения дискретных молекул в непрерывное многомерное пространство, где можно предсказывать свойства существующих векторов и прогнозировать новые векторы с определенными свойствами. Затем для поиска лучших молекул-кандидатов могут быть использованы методы оптимизации.

Обучение на основе данных всегда было краеугольным камнем химических исследований. За последние 60 лет в химии появились компьютерные методы, позволяющие преобразовывать данные в информацию и затем извлекать из нее знания. Это привело к созданию области хемоинформатики, которая за последние 60 лет претерпела впечатляющее развитие и нашла применение в большинстве областей химии - от разработки лекарственных препаратов до материаловедения. В последнее время в химии возрождаются методы искусственного интеллекта, которые необходимо оптимизировать, чтобы они также позволили нам понять базовые основы химических данных. В данном обзоре рассматривается рост и распространение публикаций по химии, связанных с искусственным интеллектом, за последние два десятилетия с использованием коллекции контента CAS. Объем журнальных и патентных публикаций значительно увеличился, особенно с 2015 года. Аналитическая химия и биохимия в наибольшей степени и с наибольшими темпами роста интегрировали ИИ. Также были выявлены междисциплинарные тенденции в исследованиях, а также новые связи ИИ с некоторыми темами химических исследований. Для выявления новых вариантов использования ИИ были проанализированы значимые публикации по различным химическим дисциплинам. Была проведена количественная оценка встречаемости различных классов веществ и их роли в химических исследованиях, связанных с ИИ, а также подробно описана популярность применения ИИ в науках о жизни и аналитической химии. ИИ может применяться для решения различных задач в химии, где в наборах данных часто присутствуют сложные взаимосвязи. Внедрение ИИ позволило значительно сократить трудозатраты на разработку и проведение экспериментов за счет автоматизации лабораторий, прогнозирования биоактивности новых лекарственных препаратов, оптимизации условий реакции и предложения синтетических маршрутов для получения сложных целевых молекул. В данном обзоре дается контекстуальное описание современного ландшафта ИИ в химии и понимание будущих направлений его развития.

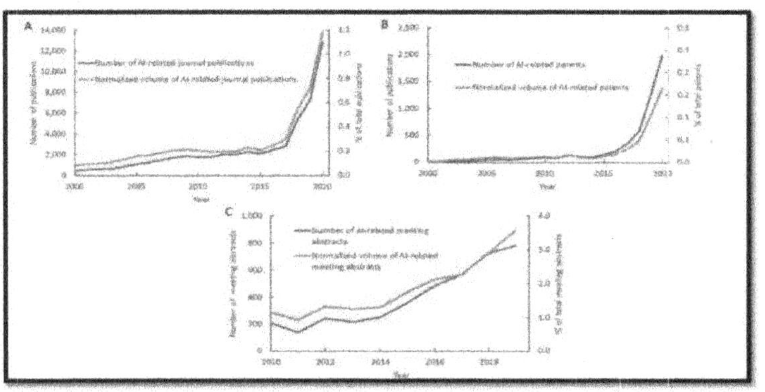

Ежегодный объем публикаций по химии, связанной с ИИ, с 2000 по 2020 год: (A) журнальные публикации, (B) патентные публикации и (C) тезисы докладов на Национальном собрании ACS.

В данном обзоре на основе коллекции контента CAS анализируется рост и распространение публикаций по химии, связанных с искусственным интеллектом, за последние два десятилетия. Объем журнальных публикаций и патентов значительно увеличился, в частности, с 2015 г., причем наибольший объем и темпы роста приходятся на аналитическую химию и биохимию, в которых искусственный интеллект получил наибольшее распространение. Выявлены междисциплинарные тенденции исследований, а также новые связи искусственного интеллекта с конкретными темами химических исследований. Для выявления новых областей применения искусственного интеллекта были проанализированы значимые публикации по различным химическим дисциплинам. Популярность применения искусственного интеллекта в науках о жизни и аналитической химии определялась путем изучения встречаемости различных классов материалов и их роли в химических исследованиях, связанных с искусственным интеллектом. Искусственный интеллект позволил снизить трудоемкость экспериментальных работ за счет автоматизации лабораторий, прогнозирования биоактивности новых лекарственных препаратов, оптимизации условий реакции и поиска синтетических путей к сложным целевым молекулам. В данном обзоре рассматривается современное состояние искусственного интеллекта в химии и дается представление о его будущих направлениях. Поиск публикаций, связанных с искусственным интеллектом, проводился в корпусе CAS с 2000 по 2020 г. на основе различных терминов искусственного интеллекта в названии, ключевых словах, тексте аннотации и концепций, отобранных экспертами CAS. Было выявлено около 70 тыс. журнальных публикаций и 17,5 тыс. патентов из контентного фонда CAS, относящихся к искусственному интеллекту. Количество журнальных публикаций и патентов увеличивалось с течением времени и после 2015 года демонстрировало схожие тенденции быстрого роста. Доля исследований, связанных с искусственным интеллектом, увеличивается, что свидетельствует об абсолютном росте исследовательских усилий в области искусственного интеллекта в химии.

В обзоре анализируется рост и распределение публикаций по химии, связанных с ИИ, за последние два десятилетия с использованием коллекции контента CAS. Объем журнальных и патентных публикаций значительно увеличился, особенно с 2015 г., причем аналитическая химия и биохимия в наибольшей степени и с наибольшими темпами интегрировали ИИ. Выявлены междисциплинарные тенденции исследований, а также новые связи ИИ с конкретными темами химических исследований. Для выявления новых примеров использования ИИ были проанализированы значимые публикации по различным химическим дисциплинам. Популярность применения ИИ в науках о жизни и аналитической химии была оценена количественно путем изучения встречаемости различных классов веществ и их роли в химических исследованиях, связанных с ИИ. ИИ позволил снизить затраты на разработку и проведение экспериментов за счет автоматизации лабораторий, прогнозирования биоактивности новых лекарственных препаратов, оптимизации условий реакции и предложения синтетических маршрутов к сложным целевым молекулам. В данном обзоре рассматривается современная ситуация с ИИ в химии и дается представление о будущих направлениях развития. Поиск публикаций, связанных с искусственным интеллектом, был проведен в фонде CAS с 2000 по 2020 г. на основе различных терминов, связанных с искусственным интеллектом, в названии, ключевых словах, тексте аннотации и концепциях, разработанных экспертами CAS. Было выявлено около 70 тыс. журнальных публикаций и 17,5 тыс. патентов из коллекции CAS Content Collection, имеющих отношение к ИИ. Количество как журнальных, так и патентных публикаций увеличивалось с течением времени, демонстрируя схожие тенденции быстрого роста после 2015 года. Доля исследований, связанных с ИИ, увеличивается, что свидетельствует об абсолютном росте исследовательских усилий в области ИИ в химии.

A

Country/Region	%
Peop. Rep. China	26.52
USA	17.20
India	5.79
Iran	5.46
UK	3.94
Germany	3.77
Japan	3.21
S. Korea	2.59
Spain	2.25
Italy	2.03
Canada	2.02
Turkey	1.68
Brazil	1.65
France	1.58
Australia	1.46
Poland	1.21
Taiwan	1.15
Malaysia	0.95
Switzerland	0.90

B

Country/Region	%
Peop. Rep. China	39.03
USA	21.09
S. Korea	10.03
Japan	7.54
India	2.50
Germany	2.30
Canada	1.24
UK	1.01
Israel	0.84
Netherland	0.81
Taiwan	0.78
France	0.64
Switzerland	0.45
Russia	0.41
Ireland	0.34
Australia	0.32
Saudi Arabia	0.23
Sweden	0.23
Finland	0.22

C

Organization	No. of Patents
LG	263
IBM	222
Fanuc	151
Siemens	115
Ping An Technology	95
Koninklijke Philips	94
Samsung	86
Baidu	71
Toyota	59
Microsoft	56
General Electric	47
Bosch	47
Tata Consultancy Services	46
Tencent	44
Mitsubishi Electric Corporation	42
Google	41
Accenture	40
ChemEssen	38
Fujifilm	32
Ford	31

Распределение публикаций по тематике ИИ по странам/регионам и компаниям в период с 2000 по 2020 гг.

(A) Топ-20 стран/регионов по числу журнальных публикаций.

(B) Топ-20 стран/регионов по числу патентных публикаций.

(C) 20 ведущих компаний по числу патентных публикаций.

Здесь на основе коллекции материалов CAS рассматривается рост и распределение публикаций по химии, связанных с ИИ, за последние два десятилетия. Объем журнальных публикаций и патентов значительно увеличился, особенно с 2015 г., причем в аналитической химии и биохимии ИИ используется в наибольшей степени и с наибольшими темпами роста. Выявлены тенденции междисциплинарных исследований, а также новые связи искусственного интеллекта с конкретными темами химических исследований. Для выявления новых областей применения искусственного интеллекта были проанализированы значимые публикации по различным химическим дисциплинам. Популярность применения искусственного интеллекта в науках о жизни и аналитической химии определялась путем изучения встречаемости различных классов материалов и их роли в химических исследованиях, связанных с искусственным интеллектом. Искусственный интеллект позволил снизить трудоемкость экспериментальных работ за счет автоматизации лабораторий, прогнозирования биоактивности новых лекарственных препаратов, оптимизации условий реакции и поиска синтетических путей к сложным целевым молекулам. В данном обзоре рассматривается текущая ситуация в области искусственного интеллекта в химии и дается представление о будущих направлениях его развития. Затем были выделены страны/регионы и организации происхождения документов по химии, связанных с искусственным интеллектом, для определения их распространенности. Наибольшее число публикаций как журнальных статей, так и патентов приходится на Китай и США. Разработчики средств медицинской диагностики и технологические компании составляют значительную часть коммерческих лицензиатов химических исследований в области ИИ. Также были проанализированы тенденции публикаций в конкретных областях исследований, и наибольший нормализованный объем за последние годы был отмечен в аналитической химии. Энергетические технологии и химия окружающей среды, а также промышленная химия и химическая инженерия также являются растущими областями с точки зрения исследований, связанных с искусственным интеллектом. Биохимия занимает значительное место в патентных публикациях, связанных с искусственным интеллектом, что, вероятно, связано с ее использованием в исследованиях и разработке лекарственных препаратов.

В данной статье рассматривается рост и распределение публикаций по химии, связанных с ИИ, на основе коллекции контента CAS за последние два десятилетия. Объем журнальных и патентных публикаций значительно увеличился, особенно с 2015 г., причем аналитическая химия и биохимия в наибольшей степени и с наибольшими темпами интегрировали ИИ. Выявлены междисциплинарные тенденции исследований, а также новые связи ИИ с конкретными темами химических исследований. Для выявления новых примеров использования ИИ были проанализированы значимые публикации по различным химическим дисциплинам.

Популярность применения ИИ в науках о жизни и аналитической химии была оценена количественно путем изучения встречаемости различных классов веществ и их роли в химических исследованиях, связанных с ИИ. ИИ позволил снизить затраты на разработку и проведение экспериментов за счет автоматизации лабораторий, прогнозирования биоактивности новых лекарственных препаратов, оптимизации условий реакции и предложения синтетических маршрутов к сложным целевым молекулам. В данном обзоре рассматривается современная ситуация с ИИ в химии и дается представление о ее будущих направлениях. Затем были извлечены данные о странах/регионах и организациях происхождения документов по химии, связанных с ИИ, для определения их распределения. Наибольшее количество публикаций как журнальных статей, так и патентов приходится на Китай и США. Разработчики медицинской диагностики и технологические компании составляют значительную часть коммерческих патентообладателей химических исследований в области ИИ. Также были проанализированы тенденции публикаций в конкретных областях исследований: наибольший нормализованный объем публикаций за последние годы приходится на аналитическую химию. Энергетические технологии и химия окружающей среды, а также промышленная химия и химическая инженерия также являются растущими областями с точки зрения исследований, связанных с ИИ. Биохимия широко представлена в патентных публикациях, связанных с ИИ, что, возможно, связано с ее использованием в исследованиях и разработке лекарственных препаратов. В исследованиях по химии, связанных с ИИ, появляются междисциплинарные связи, что демонстрирует возможность применения ИИ в тех областях исследований, где взаимосвязь между имеющимися данными в отдельных областях не является очевидной для исследователей.

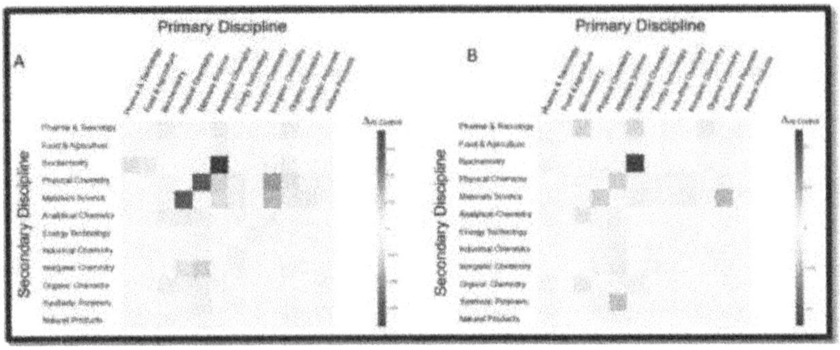

Разница в доле общих публикаций, связанных с ИИ, и контрольной группы (не связанных с ИИ
) по междисциплинарным парам: (А) журнальные публикации и (Б) патентные публикации.

Распределение исследований в области химии, связанных с ИИ, можно проанализировать, изучив
количество работ, относящихся к различным классам материалов. Преодоление проблем, связанных с представлением материалов и доступностью данных, является критически важным для внедрения искусственного интеллекта в химию. Поэтому выявление наиболее распространенных типов материалов, изучаемых в литературе, может указать на области, в которых исследователи успешно решают эти проблемы. CAS классифицирует материалы по нескольким классам, и на рисунке ниже показано количество публикаций в журналах, связанных с искусственным интеллектом, для распространенных классов материалов, включая сплав, координационное соединение, элемент, ручной регистр, родительское кольцо, малую молекулу, полимер, соль и неорганическое соединение. Наибольшее число публикаций приходится на публикации, содержащие материалы типа "малая молекула", затем следуют публикации, содержащие материалы типа "элемент" и "ручной регистр". Такая тенденция, вероятно, объясняется относительной простотой и легкостью моделирования этих материалов по сравнению с материалами по координационным соединениям и полимерам. Большое количество документов, содержащих материалы ручной регистрации, соответствует большому объему публикаций в области биохимии. На рисунке ниже также показано общее количество материалов в журнальных публикациях, посвященных ИИ, для каждого класса материалов. Процесс подсчета веществ аналогичен подсчету документов, хотя и искажен за счет

большего числа веществ с малыми молекулами в каждом документе. На рисунке показано изменение количества публикаций в журналах, посвященных искусственному интеллекту, по классам материалов с 2000 по 2020 год. За этот период количество документов по каждому типу материалов увеличилось, причем наибольший рост показали материалы по малым молекулам, элементам и материалам ручной регистрации. Эти результаты согласуются с данными, представленными на рис.

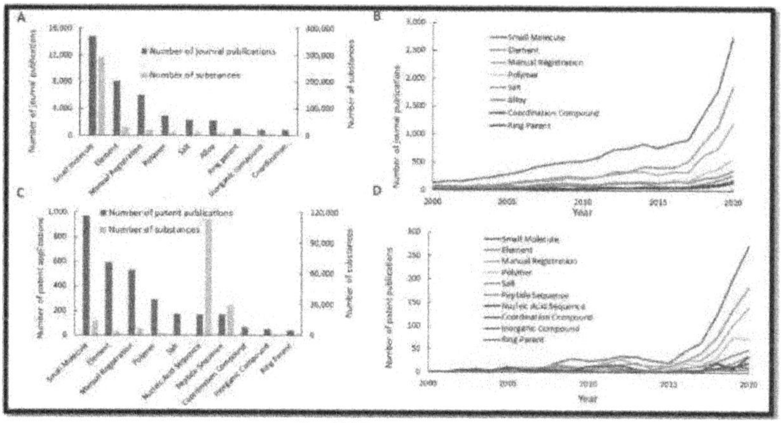

Публикации по химии, связанной с ИИ, в зависимости от класса вещества с 2000 по 2020 гг.

(A) Количество журнальных публикаций, связанных с ИИ, и количество веществ, относящихся к каждому классу.

(B) Тенденции публикаций в журналах по ИИ, связанных с каждым классом веществ.

(C) Количество патентных публикаций, связанных с ИИ, и количество веществ, относящихся к каждому классу.

(D) Тенденции патентных публикаций, связанных с АИ, относящихся к каждому классу веществ.

В последние годы популярность применения искусственного интеллекта в химии стремительно растет, причем в некоторых областях процесс внедрения идет быстрее, чем в других. Успех внедрения ИИ связан с наличием и качеством данных, а также с возможностями получения глубоких знаний и автоматизации повторяющихся задач. Аналитическая химия и биохимия получили значительное распространение благодаря наличию больших наборов обучающих данных и данных по макромолекулам. О популярности применения ИИ в области поиска лекарств свидетельствует большое количество публикаций, посвященных малым молекулам. Рост доступности программных и аппаратных средств, наборов данных по конкретным областям исследований и опыта исследователей способствовал развитию ИИ в химии. Несмотря на то, что ИИ был успешно адаптирован ко многим областям химических исследований, все еще существуют области, где его влияние еще не ощущается. Благодаря дальнейшему совершенствованию ИИ и междисциплинарным исследованиям в будущем возможно расширение применения ИИ в этих областях

Теория выбора Глассера

Теория выбора утверждает, что поведение, которое мы выбираем, является центральным фактором нашего существования. Наше поведение (выбор) определяется пятью генетически обусловленными потребностями, расположенными в иерархическом порядке: выживание, любовь, власть, свобода и удовольствие.

Самые базовые потребности человека - выживание (физическая составляющая) и любовь (психическая составляющая). Без физической (забота) и эмоциональной (любовь) потребностей младенец не доживет до обретения силы, свободы и удовольствия.

"Независимо от того, насколько хорошо питается и интеллектуально стимулируется ребенок, отсутствие человеческого общения может затормозить его умственный, эмоциональный и даже физический рост". Теория выбора предполагает существование "качественного мира". Идею "качественного мира" в теории выбора сравнивают с юнгианскими архетипами, однако признание Глассером этой связи остается неясным. Некоторые утверждают, что "мир качества" Глассера и то, что Юнг назвал бы здоровыми архетипами, имеют общие черты.

Образы "качественного мира" - это наши ролевые модели "идеального" мира человека, состоящего из родителей, отношений, имущества, убеждений и т.д. То, что "мир качества" каждого человека несколько необычен, даже в одной и той же семье, воспринимается как должное.

Начиная с рождения и на протяжении всей жизни, каждый человек помещает значимые ролевые модели, значимые вещи и значимые системы убеждений (религия, культурные ценности, иконы и т.д.) в преимущественно бессознательную структуру, которую Глассер назвал нашим "качественным миром". Вопрос о негативных ролевых моделях и стереотипах в теории выбора подробно не рассматривается. Глассер также считает, что существует "место сравнения", где мы сравниваем и сопоставляем наше восприятие людей, мест и вещей, находящихся непосредственно перед нами, с нашими идеальными образами (архетипами) этих людей в нашей системе "мир качеств". Наше подсознание подталкивает нас к калибровке - насколько это возможно - нашего реального опыта с нашим качественным миром (архетипами).

Поведение ("совокупное поведение" в терминах Глассера) состоит из этих четырех компонентов: действия, мышления, чувств и физиологии. Глассер полагает, что мы имеем значительный контроль или выбор над первыми двумя компонентами, но мало способны напрямую выбирать два последних, поскольку они находятся в более глубоком подсознании и бессознательном состоянии. Эти четыре компонента остаются тесно взаимосвязанными, и выбор, который мы делаем в своих мыслях и действиях, в значительной степени влияет на наши чувства и физиологию. Глассер часто подчеркивает, что неудачные или напряженные отношения со значимыми людьми могут стать причиной личного несчастья. Супруги, родители, дети, друзья, коллеги.

Симптомы несчастья очень разнообразны и часто рассматриваются как психические заболевания. Глассер считает, что понятия "удовольствие" и "счастье" взаимосвязаны, но далеко не синонимы. Например, секс - это "удовольствие", но он вполне может быть отделен от "удовлетворительных отношений", которые являются предпосылкой для длительного "счастья" в жизни. Отсюда и повышенное внимание к улучшению отношений в консультировании с использованием теории выбора - "новой терапии реальности". Люди, знакомые как с терапией реальности, так и с теорией выбора, могут отдать предпочтение последней, которая считается более современным подходом.

Согласно теории выбора, психические заболевания могут быть связаны с личным несчастьем. Глассер доказывает, что мы способны научиться и выбрать альтернативные варианты поведения, которые приводят к большему личному удовлетворению. Терапия реальностью - это основанный на теории выбора процесс консультирования, направленный на то, чтобы помочь клиентам научиться делать выбор в пользу себя.

Глава 2

Десять аксиом выбора

❖ Единственный человек, чье поведение мы можем контролировать, - это мы сами.

❖ Все, что мы можем дать другому человеку, - это информация.

❖ Все долговременные психологические проблемы - это проблемы взаимоотношений.

❖ Проблемные отношения всегда являются частью нашей сегодняшней жизни.

❖ То, что произошло в прошлом, имеет отношение к тому, кем мы являемся сегодня, но мы можем удовлетворить свои основные потребности только сейчас и планируем продолжать удовлетворять их в будущем.

❖ Мы можем удовлетворить свои потребности, только удовлетворяя картинки в нашем качественном мире. ❖ Все, что мы делаем, - это ведем себя хорошо.

❖ Любое поведение является тотальным поведением и состоит из четырех компонентов: действия, мышления, чувств и физиологии.

❖ Все наше поведение в целом выбирается, но мы имеем прямой контроль только над компонентами действия и мышления. Мы можем управлять своими чувствами и физиологией лишь опосредованно, через то, как мы выбираем действовать и думать.

❖ Все тотальное поведение обозначается глаголами и называется по той части, которая наиболее узнаваема.

В управлении учебным процессом

Начало теории выбора Уильяма Глассера: Поведение не отделено от выбора; все мы в любой момент выбираем, как себя вести. Во-вторых, мы не можем контролировать ничье поведение, кроме своего собственного. Глассер подчеркивал важность классных собраний как средства улучшения коммуникации и решения проблем в классе. Глассер считает, что учителя должны помогать учащимся представлять себе, как они будут жить в школе, и планировать выбор, который позволит им этого достичь.

Например, Джонни Уэйтс - 18-летний старшеклассник, который планирует поступить в колледж, чтобы стать программистом. Глассер считает, что вместо чтения Платона Джонни мог бы узнать как можно больше о компьютерах. Глассер предложил подход к составлению учебных программ, в которых особое внимание уделяется практическим, реальным темам, выбираемым учащимися на основе их интересов и склонностей. Такой подход называется качественным учебным планом. В качественном учебном плане особое внимание уделяется темам, которые имеют практическое применение в карьере. Согласно подходу Глассера, при введении нового материала преподаватели организуют дискуссии с учащимися для выявления тем, которые они хотели бы изучить в дальнейшем. В соответствии с подходом Глассера студенты должны сформулировать практическую ценность материала, который они решили изучить[2].

Образование

Глассер не поддерживал Саммерхилл, и качественные школы, которые он курировал, как правило, имели традиционные темы учебных программ. Главным новшеством этих школ был более глубокий, гуманистический подход к групповому процессу между учителями, учениками и обучением.

Критика

Кристофер Уайт в своей рецензии на книгу [3] пишет, что Глассер считает, что все, что описано в DSM-IV-TR, является результатом творческого выражения мозгом человека своего несчастья. Уайт также отмечает, что Глассер критикует профессию психиатра и ставит под сомнение эффективность лекарств в лечении психических заболеваний. Уайт обращает внимание на то, что в книге не приводится набор рандомизированных клинических исследований, демонстрирующих успешность учения Глассера.

Качество мира

Качественная сфера занимает центральное место во взглядах Уильяма Глассера. Ценности и приоритеты человека представлены в мозгу в виде мысленных образов в пространстве, называемом Высшей сферой. Фотографии значимых людей, мест, идей и убеждений могут храниться в их памяти. По мнению Глассера, фотографии в Высшей сфере приносят человеку радость и удовлетворяют его фундаментальные потребности. Такие образы являются личными и не подлежат проверке общественными нормами. Планета качества - это наша идеальная утопия.

Работа теории выбора Глассера

Эмоции и физиологические реакции клиентов на стресс могут быть улучшены с помощью обучения привычкам и когнитивной модификации. Прекрасной иллюстрацией этого является сфера образования. Разочарованным ученикам, которые не могут овладеть определенными идеями, а также приобрести определенные таланты, можно дать указание переосмыслить то, что они считают высококачественной вселенной. Можно провести некоторые изменения, подчеркивающие наличие у компании проблемных привычек и побуждающие ее выявить и устранить причины, лежащие в основе этих привычек, чтобы предотвратить их повторение. В очерке о схематической терапии говорится, что и теория, и ее подмножество, психотерапия реальности, не фокусируются на прошлом. Клиентов призывают жить настоящим. Они побуждают людей рассмотреть возможность изменения привычного образа жизни, что может привести к более приятным последствиям.

Заключение сессии "Теория выбора Глассера

В первоначальном варианте теории выбора Глассера утверждается, что на самом фундаментальном уровне выбор делается для удовлетворения ряда требований. Предполагается, что люди стремятся выбрать тот вариант, который, по их мнению, будет для них наилучшим, что не означает, что неверные суждения не приведут к негативным результатам. В то же время было показано, что психодинамический подход может помочь людям выработать более эффективные подходы к решению проблем. Теория выбора берет свое начало в традиционных привычках и внесла большой вклад во многие академические дисциплины.

Теория игр

Теория игр - это изучение математических моделей стратегических взаимодействий между рациональными агентами. [1] Она находит применение во всех областях социальных наук, а также в логике, системологии и информатике. Концепции теории игр широко используются и в экономике. [2] Традиционные методы теории игр рассматривали игры с нулевой суммой для двух человек, в которых выигрыш или проигрыш каждого участника в точности уравновешивается проигрышами и выигрышами других участников. В XXI веке передовые теории игр применяются к более широкому спектру поведенческих отношений; теперь это зонтичный термин для науки о логическом принятии решений у людей, животных, а также компьютеров.

Современная теория игр началась с идеи смешанных стратегий равновесия в игре с нулевой суммой для двух человек и ее доказательства Джоном фон Нейманом. В своем первоначальном доказательстве фон Нейман использовал теорему Брувера о неподвижной точке непрерывных отображений в компактные выпуклые множества, которая стала стандартным методом в теории игр и математической экономике. За его работой последовала книга 1944 года "Теория игр и экономического поведения", написанная в соавторстве с Оскаром Моргенштерном, в которой рассматривались кооперативные игры нескольких игроков. [3] Во втором издании этой книги была предложена аксиоматическая теория ожидаемой полезности, которая позволила математическим статистикам и экономистам рассматривать принятие решений в условиях неопределенности. Таким образом, очевидно, что теория игр развивалась в течение длительного времени благодаря последовательным усилиям математиков, экономистов и других ученых. Теория игр получила широкое развитие в 1950-х годах в трудах многих ученых. В явном виде она была применена к эволюции в 1970-х годах, хотя аналогичные разработки были сделаны, по крайней мере, в 1930-х годах. Теория игр получила широкое признание как важный инструмент во многих областях. По состоянию на 2020 год, когда Нобелевскую премию по экономическим наукам получили теоретики игр Пол Милгром и Роберт Б. Уилсон, пятнадцать теоретиков игр стали лауреатами Нобелевской премии по экономике. Джон Мейнард Смит был удостоен премии Крафорда за применение эволюционной теории игр.

Различные виды игр

Кооперативный / некооперативный

Игра является кооперативной, если игроки могут формировать обязательные для исполнения внешние обязательства (например, с помощью контрактного права). Игра является некооперативной, если игроки не могут создавать альянсы или если все соглашения должны быть самопринудительными (например, с помощью убедительных угроз)[13].

Кооперативные игры часто анализируются в рамках теории кооперативных игр, которая фокусируется на прогнозировании формирования коалиций, совместных действий групп и получаемых коллективных выигрышей. Это противоположно традиционной некооперативной теории игр, которая фокусируется на прогнозировании действий и выплат отдельных игроков и анализе равновесий Нэша.[14][15] Фокус на индивидуальных выплатах может привести к явлению, известному как "трагедия общего достояния", когда ресурсы используются до коллективно неэффективного уровня. Отсутствие формальных переговоров приводит к ухудшению состояния общественных благ в результате чрезмерного использования и недостаточного предоставления, обусловленного частными стимулами. [16]

Теория кооперативных игр обеспечивает высокоуровневый подход, поскольку описывает только структуру, стратегии и выплаты коалиций, в то время как теория некооперативных игр рассматривает также то, как процедуры переговоров повлияют на распределение выплат внутри каждой коалиции. Поскольку некооперативная теория игр является более общей, кооперативные игры могут быть проанализированы с помощью некооперативной теории игр (обратное не выполняется) при условии, что сделаны достаточные допущения, чтобы охватить все возможные стратегии, доступные игрокам в связи с возможностью внешнего принуждения к сотрудничеству. Хотя использование единой теории может быть желательным, во многих случаях для точного моделирования формальных процедур, доступных в процессе стратегического торга, недостаточно информации, или полученная модель будет слишком сложной, чтобы стать практическим инструментом в реальном мире. В таких случаях теория кооперативных игр обеспечивает упрощенный подход, позволяющий анализировать игру в целом без необходимости делать какие-либо предположения о силах участников переговоров.

Симметричный / асимметричный

	E	F
E	1, 2	0, 0
F	0, 0	1, 2

Асимметричная игра

Симметричная игра - это игра, в которой выигрыш при игре по определенной стратегии зависит только от других используемых стратегий, а не от того, кто в них играет. Иными словами, если личности игроков могут быть изменены без изменения выигрышей по стратегиям, то игра является симметричной. Многие из широко изучаемых 2^2-игр являются симметричными. Стандартные представления курицы, дилемма заключенного, охота на оленя - все это симметричные игры. Некоторые ученые считают примерами таких игр и некоторые асимметричные игры. Тем не менее, наиболее распространенные выигрыши для каждой из этих игр являются симметричными.

Наиболее часто изучаемые асимметричные игры - это игры, в которых наборы стратегий для обоих игроков не совпадают. Например, в игре "Ультиматум" и, аналогично, в игре "Диктатор" стратегии каждого игрока различны. Однако возможно, что игра имеет идентичные стратегии для обоих игроков, но при этом является асимметричной. Например, игра, изображенная на графике данного раздела, является асимметричной, несмотря на то, что имеет одинаковые наборы стратегий для обоих игроков.

Нулевая сумма / ненулевая сумма

	A	B
A	–1, 1	3, –3
B	0, 0	–2, 2

Игра с нулевой суммой

Игры с нулевой суммой (в более общем случае - игры с постоянной суммой) - это игры, в которых выбор игроков не может ни увеличить, ни уменьшить доступные ресурсы. А В играх с нулевой суммой суммарная выгода, получаемая всеми игроками в игре, при любой комбинации стратегий В всегда равна нулю (более неформально, игрок получает выгоду только за счет других).[17] Примером игры с нулевой суммой является покер (если не принимать во внимание возможность доли дома), поскольку выигрывает ровно столько, сколько проигрывают оппоненты. К другим играм с нулевой суммой относятся игра в копейки и большинство классических настольных игр, включая го и шахматы.

Многие игры, изучаемые теоретиками игр (в том числе и знаменитая "дилемма заключенного"), являются играми с ненулевой суммой, поскольку в них чистый результат больше или меньше нуля. Неформально, в играх с ненулевой суммой выигрыш одного игрока не обязательно соответствует проигрышу другого. Игры с постоянной суммой соответствуют таким видам деятельности, как воровство и азартные игры, но не фундаментальной экономической ситуации, в которой существует потенциальная выгода от торговли. Любую игру с постоянной суммой можно превратить в (возможно, асимметричную) игру с нулевой суммой, добавив фиктивного игрока (часто называемого "доской"), потери которого компенсируют чистый выигрыш игроков.

Одновременный / последовательный

Одновременные игры - это игры, в которых оба игрока двигаются одновременно, или наоборот, более поздние игроки не знают о действиях более ранних игроков (что делает их фактически одновременными). Последовательные игры (или динамические игры) - это игры, в которых игроки принимают решения не одновременно, а более ранние действия игрока влияют на исход и решения других игроков. [18] Это не обязательно должна быть совершенная информация о каждом действии предыдущих игроков, она может быть очень скудной. Например, игрок может знать, что предыдущий игрок не совершал определенного действия, и при этом не знать, какое из других доступных действий первый игрок действительно совершил. Разница между одновременными и последовательными играми отражается в различных представлениях, о которых говорилось выше. Часто для представления одновременных игр используется нормальная форма, а для представления последовательных - экстенсивная. Преобразование экстенсивной формы в нормальную является односторонним, что означает, что нескольким играм в экстенсивной форме соответствует одна и та же нормальная форма. Следовательно, понятия равновесия для одновременных игр оказываются недостаточными для рассуждений о последовательных играх.

Совершенная информация и несовершенная информация

Игра с несовершенной информацией. Пунктирная линия представляет собой незнание игрока 2, формально называемое информационным множеством. Важным подмножеством последовательных игр являются игры с совершенной информацией. Игра с совершенной информацией означает, что все игроки на каждый ход в игре знают предыдущую историю игры и ходы, сделанные ранее всеми другими игроками. В реальности это можно применить к фирмам и потребителям, имеющим информацию о цене и качестве всех имеющихся на рынке товаров. [19] Игра с несовершенной информацией ведется, когда игроки не знают всех ходов, уже сделанных противником, например, игра с одновременным ходом.[20] Большинство игр, изучаемых в теории игр, являются играми с несовершенной информацией.[citation needed] Примерами игр с совершенной информацией являются крестики-нолики, шашки, шахматы и го.[21][22][23]

Многие карточные игры являются играми с несовершенной информацией, например, покер и бридж.[24] Совершенную информацию часто путают с полной информацией, которая представляет собой аналогичное понятие, относящееся к общему знанию последовательности действий, стратегий и выигрышей каждого игрока в течение всего игрового процесса.[25] Полная информация требует, чтобы каждый игрок знал стратегии и выигрыши, доступные другим игрокам, но не обязательно их действия, тогда как совершенная информация - это знание всех аспектов игры и игроков.[26] Игры с неполной информацией, однако, могут быть сведены к играм с несовершенной информацией путем введения "ходов по природе".[27]

Байесовская игра

Одно из предположений равновесия Нэша состоит в том, что каждый игрок имеет правильные представления о действиях других игроков. Однако в теории игр существует множество ситуаций, когда участники не до конца понимают характеристики своих оппонентов. Участники переговоров могут не знать, как оппонент оценивает объект переговоров, компании могут не знать функции затрат оппонента, участники боевых действий могут не знать сильных сторон оппонента, а присяжные заседатели могут не знать, как их коллеги интерпретируют доказательства в суде. В некоторых случаях участники могут хорошо знать характер своего оппонента, но не знать, насколько хорошо оппонент знает свой собственный характер.

Под байесовской игрой понимается стратегическая игра с неполной информацией. В стратегической игре лица, принимающие решения, являются игроками, а каждый игрок имеет группу действий. Основной частью спецификации несовершенной информации является набор состояний. Каждое состояние полностью описывает набор характеристик, относящихся к игроку, таких как его предпочтения и сведения о нем. Должно существовать состояние для каждого набора характеристик, которые, по мнению некоторого игрока, могут существовать.

Пример байесовской игры

Например, когда игрок 1 не уверен, что игрок 2 предпочтет встречаться с ней или отдалиться от нее, а игрок 2 понимает предпочтения игрока 1, как и раньше. Точнее, предположим, что Игрок 1 считает, что Игрок 2 хочет встречаться с ней с вероятностью 1/2 и отдалиться от нее с вероятностью 1/2 (эта оценка, вероятно, вытекает из опыта Игрока 1: в половине случаев она сталкивается с игроками, которые хотят с ней встречаться, и в половине случаев - с игроками, которые хотят ее избегать). В связи с наличием такой вероятности анализ этой ситуации требует понимания предпочтений игрока в отношении ничьей, хотя людей интересует только чисто стратегическое равновесие.

Комбинаторные игры

Игры, в которых сложность нахождения оптимальной стратегии обусловлена множеством возможных ходов, называются комбинаторными. Примерами могут служить шахматы и го. Игры с несовершенной информацией также могут иметь ярко выраженный комбинаторный характер, например, нарды. Единой теории, рассматривающей элементы комбинаторики в играх, не существует. Однако существуют математические инструменты, позволяющие решать некоторые частные задачи и отвечать на общие вопросы. Игры с совершенной информацией изучаются в рамках комбинаторной теории игр, в которой разработаны новые представления, например, сюрреальных чисел, а также комбинаторные и алгебраические (а иногда и неконструктивные) методы доказательства для решения игр определенных типов, в том числе "зацикленных" игр, в которых могут возникать бесконечно длинные последовательности ходов. Эти методы позволяют решать игры более высокой комбинаторной сложности, чем те, которые обычно рассматриваются в традиционной (или "экономической") теории игр[31][32] Типичной игрой, решенной таким образом, является Hex. Смежная область исследований, опирающаяся на теорию сложности вычислений, - это сложность игр, которая связана с оценкой вычислительной сложности поиска оптимальных стратегий. В исследованиях по искусственному интеллекту рассматриваются игры с совершенной и несовершенной информацией, имеющие очень сложную комбинаторную структуру (например, шахматы, го или нарды), для которых не найдено доказуемых оптимальных стратегий. Практические решения связаны с вычислительными эвристиками, такими как альфа-бета обрезка или использование искусственных нейронных сетей, обученных методом обучения с подкреплением, которые делают игры более простыми в вычислительной практике.

Бесконечно длинные игры

Игры, изучаемые экономистами и реальными игроками, обычно завершаются за конечное число ходов. Чистые математики не так ограничены, и теоретики множеств, в частности, изучают игры, которые длятся бесконечно много ходов, причем победитель (или другая выплата) не известны до тех пор, пока не будут завершены все эти ходы.

В центре внимания обычно оказывается не столько вопрос о том, как лучше играть в такую игру, сколько вопрос о том, есть ли у одного из игроков выигрышная стратегия. (С помощью аксиомы выбора можно доказать, что существуют игры - даже с совершенной информацией и единственными исходами "выигрыш" или "проигрыш", - для которых ни один из игроков не имеет выигрышной стратегии). Существование таких стратегий для разумно сконструированных игр имеет важные последствия для дескриптивной теории множеств.

Дискретные и непрерывные игры

Большая часть теории игр посвящена конечным, дискретным играм, имеющим конечное число игроков, ходов, событий, исходов и т.д. Однако многие понятия могут быть расширены. Непрерывные игры позволяют игрокам выбирать стратегию из непрерывного набора стратегий. Например, конкуренция Курно обычно моделируется так, что стратегиями игроков являются любые неотрицательные величины, в том числе и дробные.

Непрерывные игры допускают возможность общения игроков друг с другом при соблюдении определенных правил, в первую очередь - соблюдения протокола общения между игроками. Было замечено, что благодаря общению игроки готовы предоставлять большее количество товаров в игре с общественными благами, чем обычно в дискретной игре, и в результате игроки могут управлять ресурсами более эффективно, чем в дискретных играх, поскольку они делятся друг с другом ресурсами, идеями и стратегиями. Это стимулирует и приводит к тому, что в непрерывных играх выше медианный коэффициент кооперации". [35]

Дифференциальные игры

Дифференциальные игры, такие как непрерывная погоня и игра на уклонение, представляют собой непрерывные игры, в которых эволюция переменных состояния игроков управляется дифференциальными уравнениями. Задача нахождения оптимальной стратегии в дифференциальной игре тесно связана с теорией оптимального управления. В частности, существует два типа стратегий: стратегии с открытым контуром находятся с помощью принципа максимума Понтрягина, а стратегии с закрытым контуром - с помощью метода динамического программирования Беллмана. Частным случаем дифференциальных игр являются игры со случайным временным горизонтом[36]. В таких играх конечное время является случайной величиной с заданной функцией распределения вероятностей. Поэтому игроки максимизируют математическое ожидание функции затрат. Было показано, что модифицированная задача оптимизации может быть переформулирована как дифференциальная игра с дисконтированием на бесконечном временном интервале.

Эволюционная теория игр

Эволюционная теория игр изучает игроков, которые со временем корректируют свои стратегии в соответствии с правилами, которые не обязательно являются рациональными или дальновидными[37]. В общем случае эволюция стратегий со временем в соответствии с такими правилами моделируется как цепь Маркова с переменной состояния, такой как текущий профиль стратегии или то, как игра велась в недавнем прошлом. Такие правила могут включать подражание, оптимизацию или выживание сильнейшего.

В биологии такие модели могут представлять эволюцию, в ходе которой потомство перенимает стратегии своих родителей, а родители, играющие по более успешным стратегиям (т.е. соответствующим более высокой отдаче), имеют большее число потомков. В социальных науках такие модели обычно представляют собой стратегические корректировки игроков, которые играют в игру много раз в течение жизни и сознательно или бессознательно время от времени корректируют свои стратегии. [38]

Стохастические исходы (и связь с другими областями)

Задачи принятия индивидуальных решений со стохастическими исходами иногда рассматриваются как "игры одного игрока". Они могут моделироваться с помощью аналогичных инструментов в рамках смежных дисциплин - теории принятия решений, исследования операций и областей искусственного интеллекта, в частности, планирования (с учетом неопределенности) и многоагентных систем. Хотя эти области могут иметь разные мотивы, математика, используемая в них, в основном одинакова, например, использование марковских процессов принятия решений (MDP).[39] Стохастические исходы также могут быть смоделированы в терминах теории игр путем добавления случайно действующего игрока, который делает "случайные ходы" ("ходы природы").[40] Этот игрок обычно не рассматривается в качестве третьего игрока в игре, которая в противном случае является игрой двух игроков, а просто служит для обеспечения броска костей, когда это требуется по условиям игры. Для некоторых задач различные подходы к моделированию стохастических исходов могут привести к различным решениям. Например, разница в подходах между MDP и минимаксным решением заключается в том, что в последнем случае рассматривается наихудший случай на множестве ходов противника, а не ожидание этих ходов с учетом фиксированного распределения вероятностей. Минимаксный подход может быть выгоден в тех случаях, когда стохастические модели неопределенности недоступны, но он также может переоценивать крайне маловероятные (но дорогостоящие) события, резко меняя стратегию в таких сценариях, если предполагается, что противник может заставить противника произойти такое событие. Исследовались также общие модели, включающие все элементы стохастических исходов, противников и частичную или шумную наблюдаемость (ходов других игроков). Золотым стандартом" считается частично наблюдаемая стохастическая игра (POSG), однако лишь немногие реалистичные задачи могут быть вычислительно реализованы в

POSG-представлении.

Метаигры

Это игры, в ходе которых разрабатываются правила для другой игры - целевой или предметной. Метаигры направлены на максимизацию полезности разработанного набора правил. Теория метаигр связана с теорией проектирования механизмов.

Термин "метагейм-анализ" также используется для обозначения практического подхода, разработанного Найджелом Ховардом, в соответствии с которым ситуация рассматривается как стратегическая игра, в которой заинтересованные стороны пытаются реализовать свои цели с помощью имеющихся у них вариантов. Последующие разработки привели к формулировке конфронтационного анализа.

Игры с пулом

Это игры, преобладающие во всех формах общества. Пулинговые игры - это повторяющиеся игры с изменяющейся таблицей выплат в общем случае на опытном пути, а их равновесные стратегии обычно принимают форму эволюционирующей социальной конвенции и экономической конвенции. Теория пулинговых игр возникает для формального учета взаимодействия между оптимальным выбором в одной игре и возникновением предстоящего пути обновления таблицы выплат, определения существования и устойчивости инвариантности, а также прогнозирования дисперсии во времени. Теория основана на классификации топологических преобразований обновления таблицы выплат во времени для прогнозирования дисперсии и инвариантности, а также находится в рамках вычислительного закона достижимой оптимальности для упорядоченной системы.

Теория игр со средним полем

Теория игр со средним полем - это исследование принятия стратегических решений в очень больших популяциях малых взаимодействующих агентов. Этот класс задач рассматривался в экономической литературе Бояном

Йовановичем и Робертом В. Розенталем, в инженерной литературе Питером Э. Кейнсом, а также математиками Пьером-Луи Лионом и Жаном-Мишелем Ласри.

Представление игр

Игры, изучаемые в теории игр, являются вполне определенными математическими объектами. Для того чтобы игра была полностью определена, в ней должны быть указаны следующие элементы: участники игры, информация и действия, доступные каждому игроку в каждой точке принятия решения, и вознаграждения за каждый исход. (Эрик Расмусен называет эти четыре "основных элемента" аббревиатурой "PAPI"). Теоретик игры обычно использует эти элементы вместе с выбранной им концепцией решения для вывода набора равновесных стратегий для каждого игрока таким образом, что при использовании этих стратегий ни один игрок не может получить прибыль, отклонившись от своей стратегии в одностороннем порядке. Эти равновесные стратегии определяют равновесие игры - устойчивое состояние, в котором с известной вероятностью происходит либо один исход, либо множество исходов.

В играх игроки, как правило, имеют "доминирующую стратегию", когда они заинтересованы в выборе наилучшей стратегии, обеспечивающей им максимальный выигрыш, и придерживаются ее даже тогда, когда другие игроки меняют свои стратегии или выбирают другой вариант. Однако в зависимости от возможного выигрыша один из игроков может не обладать "доминирующей стратегией", а другой - обладать. Отсутствие у игрока доминирующей стратегии не является подтверждением того, что у другого игрока не будет своей доминирующей стратегии, что сразу ставит первого игрока в невыгодное положение.

Однако существует вероятность того, что оба игрока обладают доминирующими стратегиями, когда выбранные ими стратегии и их выигрыши доминируют, а суммарные выигрыши образуют равновесие. В этом случае возникает равновесие с доминирующей стратегией. Это может стать причиной социальной дилеммы, когда в игре существует равновесие, созданное двумя или несколькими игроками, которые все имеют доминирующие стратегии, и решение игры отличается от того, каким было бы кооперативное решение игры.

Существует также вероятность того, что игрок имеет более одной доминирующей стратегии. Это происходит в том случае, если второй игрок реагирует на несколько стратегий, а отдельные ответы первого игрока имеют разные стратегии по отношению друг к другу. Это означает, что в игре не существует равновесия по Нэшу. Большинство кооперативных игр представлено в форме характеристической функции, а для определения некооперативных игр используются экстенсивная и нормальная формы.

Обширная форма

Экстенсивная форма может быть использована для формализации игр с временной последовательностью ходов. Игры в экстенсивной форме можно визуализировать с помощью игровых деревьев (как показано на рисунке). Здесь каждая вершина (или узел) представляет собой точку выбора для игрока. Игрок задается номером, указанным в вершине. Линии, выходящие из вершины, представляют собой возможные действия игрока. В нижней части дерева указаны выплаты. Экстенсивную форму можно рассматривать как многопользовательское обобщение дерева решений.[50]

Для решения любой игры экстенсивной формы необходимо использовать обратную индукцию. Она заключается в том, чтобы, двигаясь в обратном направлении по дереву игры, определить, что сделает рациональный игрок в последней вершине дерева, что сделает игрок, сделавший предыдущий ход, учитывая, что игрок, сделавший последний ход, является рациональным, и так далее, пока не будет достигнута первая вершина дерева. В игре, изображенной на рисунке, участвуют два игрока. В соответствии со структурой данной конкретной игры (т.е. при последовательном принятии решений и совершенной информации) игрок 1 "ходит" первым, выбирая F или U (справедливо или несправедливо). Далее игрок 2, который наблюдал за ходом игрока 1, может выбрать A или R. После того как игрок 2 сделал свой выбор, игра считается законченной, и каждый игрок получает свой выигрыш, представленный на рисунке в виде двух чисел, где первое число - выигрыш игрока 1, а второе - выигрыш игрока 2. Предположим, что игрок 1 выбирает U, а игрок 2 Игрок 1 получает вознаграждение "восемь" (что в реальном мире можно интерпретировать по-разному, проще всего в денежном выражении, но может означать и восемь дней отпуска, и восемь завоеванных стран, и даже восемь дополнительных возможностей сыграть в одну и ту же игру с другими игроками), а Игрок 2 получает вознаграждение "два".

Экстенсивная форма может также отражать игры с одновременным ходом и игры с несовершенной информацией. Для ее представления либо пунктирная линия соединяет разные вершины, чтобы представить их как часть одного информационного множества (т.е. игроки не знают, в какой точке они находятся), либо вокруг них проводится замкнутая линия.

Нормальная форма

	Игрок 2 выбирает Левый	Игрок 2 выбирает Правый
Игрок 1 выбирает Вверх	**4, 3**	**-1, -1**
Игрок 1 выбирает "Вниз	**0, 0**	**3, 4**

Нормальная форма или матрица выплат игры с двумя игроками и двумя стратегиями

Обычная (или стратегическая) игра обычно представляется в виде матрицы, в которой указаны игроки, стратегии и выигрыши (см. пример справа). В более общем случае она может быть представлена любой функцией, связывающей выигрыш для каждого игрока с любой возможной комбинацией действий. В приведенном примере есть два игрока, один из которых выбирает строку, а другой - столбец. Каждый игрок имеет две стратегии, которые задаются количеством строк и количеством столбцов. Выплаты представлены во внутреннем виде. Первое число - это выигрыш, который получает игрок, играющий в строку (в нашем примере - игрок 1); второе - выигрыш игрока, играющего в столбец (в нашем примере - игрок 2). Предположим, что игрок 1 играет вверх, а игрок 2 - влево. Тогда игрок 1 получает вознаграждение 4, а игрок 2 - 3.

Когда игра представляется в нормальной форме, предполагается, что каждый игрок действует одновременно или, по крайней мере, не знает о действиях другого. Если игроки обладают некоторой информацией о выборе других игроков, то игра обычно представляется в экстенсивной форме.

Каждая игра экстенсивной формы имеет эквивалентную игру нормальной формы, однако преобразование к нормальной форме может привести к экспоненциальному разрастанию размера представления, что делает его вычислительно непрактичным.

Химическая теория игр - это альтернативная модель теории игр, которая представляет и решает проблемы стратегических взаимодействий или принятия решений в условиях спора между людьми. Отличия от традиционных концепций теории игр заключаются в использовании метафорических молекул, называемых "knowlecules", которые представляют выбор и решения игроков в игре. С помощью "знающих молекул" энтропийный выбор и эффекты

учитываются заранее существующие предубеждения. Игра в химической теории игр представляется в виде технологической схемы, состоящей из отдельных операций. Эти операции представляют собой процессы принятия решений игроками и имеют сходство с моделью мусорного бака в политологии.

Игра с N игроками, причем N - любое целое число, большее 1, представлена N параллельно включенными реакторами. Концентрации, поступающие в реактор, соответствуют предубеждению, с которым игрок вступает в игру. Реакции, протекающие в реакторах, сопоставимы с процессом принятия решений каждым игроком. Концентрации конечных продуктов представляют собой вероятность каждого исхода с учетом имеющихся предубеждений и болевых ощущений в данной ситуации.

Теперь, когда о теории игр сказано достаточно, я хочу простыми словами констатировать тот факт, что на самом деле можно производить химические соединения, используя искусственный интеллект и хорошие стратегии, такие как теория игр и теория отбора. Проще и быстрее.

Главное, что следует отметить, это то, что при использовании этого метода достижение окончательного ответа, особенно в производстве фармацевтической продукции, происходит гораздо проще, точнее и быстрее.

Ссылки

1. Майерсон, Роджер Б. (1991). Теория игр: Анализ конфликтов. Harvard University Press. ISBN 9780674341166.

2. Шэпли, Ллойд С.; Шубик, Мартин (1 января 1971 г.). "Теория игр в экономике: Глава 1, Введение, Использование моделей".

3. Теория игр и экономического поведения. 8 апреля 2007 года. ISBN 978-0-69113061-3.

4. Bellhouse, David R. (2007), "The Problem of Waldegrave" (PDF), Journal Electronique d'Histoire des Probabilites et de la Statistique [Электронный журнал истории вероятностей и статистики], 3 (2), Архивировано (PDF) из первоисточника 20 августа 2008.

5. Беллхаус, Дэвид Р. (2015). "Ле Гер и другие проблемы теории вероятностей, обсуждавшиеся Бернулли, Монмортом и Вальдеграфом". Statistical Science. Институт математической статистики. 30 (1): 26-39. arXiv:1504.01950. Bibcode:2015arXiv150401950B. doi:10.1214/14-STS469. S2CID 59066805.

6. Цермело, Эрнст (1913). Hobson, E. W.; Love, A. E. H. (eds.). Uber eine Anwendung der Mengenlehre auf die Theorie des Schachspiels [On an Application of Set Theory to the Theory of the Game of Chess] (PDF). Труды пятого Международного конгресса математиков (1912 г.) (на немецком языке). Кембридж: Cambridge University Press. pp. 501-504. Архивировано из первоисточника (PDF) 31 июля 2020. Retrieved 29 August 2019.

7. Ким, Сунгвук, ред. (2014). Применение теории игр в проектировании сетей. IGI Global. p. 3. ISBN 978-1-4666-6051-9.

8. фон Нейман, Джон (1928). "Zur Theorie der Gesellschaftsspiele" [On the Theory of Games of Strategy]. Mathematische Annalen [Mathematical Annals] (на немецком языке). 100 (1): 295-320. doi:10.1007/BF01448847. S2CID 122961988.

9. фон Нейман, Джон (1959). "On the Theory of Games of Strategy". In Tucker, A. W.; Luce, R. D. (eds.). Contributions to the Theory of Games. Vol.

4. Translated by Bargmann, Sonya. Принстон, Нью-Джерси: Princeton University Press. pp. 13-42. ISBN 0-691-07937-4.
10. Мировски, Филипп (1992). "What Were von Neumann and Morgenstern Trying to Accomplish?". In Weintraub, E. Roy (ed.). Toward a History of Game Theory. Durham: Duke University Press. pp. 113-147. ISBN 978-0-82231253-6.
11. Leonard, Robert (2010), Von Neumann, Morgenstern, and the Creation of Game Theory, New York: Cambridge University Press, doi:10.1017/CBO9780511778278, ISBN 978-0-521-56266-9
12. Кун, Стивен (4 сентября 1997 г.). Залта, Эдвард Н. (ред.). "Дилемма заключенного". Стэнфордская философская энциклопедия. Стэнфордский университет. Retrieved 3 January 2013.
13. Шор, Майк. "Некооперативная игра". GameTheory.net. Retrieved 15 September 2016.
14. Чандрасекаран, Рамасвами. "Теория кооперативных игр" (PDF). Техасский университет в Далласе. Архивировано (PDF) из первоисточника 18 апреля 2016.
15. Бранденбургер, Адам. "Теория кооперативных игр: Характеристические функции, распределения, предельный вклад" (PDF). Архивировано из первоисточника (PDF) 29 августа 2017 года. Retrieved 14 April 2020.
16. Фейсс, Николя (2005). "Преодоление трагедии общего пользования: структура игры и разработка правил". Journal of Economic Surveys. 19 (2): 239-261. doi:10.1111/j.0950-0804.2005.00246.x. S2CID 1473769. Retrieved 25 April 2021 - via Wiley Online Library.
17. Оуэн, Гильермо (1995). Теория игр: Третье издание. Bingley: Emerald Group Publishing. p. 11. ISBN 978-0-12-531151-9.
18. Chang, Kuang-Hua (1 января 2015 г.), Chang, Kuang-Hua (ed.), "Chapter 2 - Decisions in Engineering Design", Design Theory and Methods Using CAD/CAE, Boston: Academic Press, pp. 39-101, doi:10.1016/b978-0-12-398512-5.00002-5, ISBN 978-0-12-398512-5, retrieved 8 April 2023

19. Хили, Патрик (22 сентября 2015 г.). "(Им)совершенная конкуренция: Нереалистичная экономика или полезный инструмент стратегии?". Harvard Business School Online. Retrieved 20 April 2021.

20. Гиббонс, Роберт (1992). Теория игр для прикладных экономистов. Принстон, Нью-Джерси: Princeton University Press. pp. 14-17. ISBN 0-691-04308-6.

21. Фергюсон, Томас С. "Теория игр" (PDF). Математический факультет Калифорнийского университета. стр. 56-57. Архивировано (PDF) из первоисточника 30 июля 2004.

22. Мыцельски, Ян (1992). "Игры с совершенной информацией". Handbook of Game Theory with Economic Applications. Vol. 1. pp. 41-70. doi:10.1016/S1574- 0005(05)80006-2. ISBN 978-0-4448-8098-7.

23. "Бесконечные шахматы". PBS Infinite Series. 2 марта 2017 г. Архивировано из первоисточника 28 октября 2021 года. Совершенная информация, определенная на 0:25, с академическими источниками arXiv:1302.4377 и arXiv:1510.08155.

24. Оуэн, Гильермо (1995). Теория игр: Третье издание. Bingley: Emerald Group Publishing. p. 4. ISBN 978-0-12-531151-9.

25. Mirman, Leonard J. (1989), Eatwell, John; Milgate, Murray; Newman, Peter (eds.), "Perfect Information", Game Theory, London: Palgrave Macmillan UK, pp. 194-198, doi:10.1007/978-1-349-20181-5_22, ISBN 978-1-34920181-5, retrieved 8 April 2023

26. Мирман, Леонард (1989). Perfect Information. London: Palgrave Macmillan. pp. 194-195. ISBN 978-1-349-20181-5.

27. Shoham & Leyton-Brown (2008), p. 60.

28. Осборн, Мартин Дж. (2000). Введение в теорию игр. Oxford University Press. pp. 271-272.

29. Осборн, Мартин Дж (2020). Введение в теорию игр. Oxford University Press. pp. 271-277.

30. Jorg Bewersdorff (2005). "31". Удача, логика и белая ложь: математика

игр. A K Peters, Ltd. pp. ix-xii. ISBN 978-1-56881-210-6.
31. Albert, Michael H.; Nowakowski, Richard J.; Wolfe, David (2007), Lessons in Play: In Introduction to Combinatorial Game Theory, A K Peters Ltd, pp. 3-4, ISBN 978-1-56881-277-9
32. Бек, Йожеф (2008). Комбинаторные игры: Теория "Крестики-нолики". Cambridge University Press. pp. 1-3. ISBN 978-0-521-46100-9.
33. Hearn, Robert A.; Demaine, Erik D. (2009), Games, Puzzles, and Computation, A K Peters, Ltd., ISBN 978-1-56881-322-6
34. Джонс, М. Тим (2008). Искусственный интеллект: A Systems Approach. Jones & Bartlett Learning. pp. 106-118. ISBN 978-0-7637-7337-3.
35. "Введите ваше имя пользователя и пароль - Университет Квинсленда, Австралия". Springer Link. doi:10.1007/s10640-022-00700-2. Retrieved 23 April 2023.
36. Петросян Л.А., Мурзов Н.В. (1966). "Игровые теоретические проблемы механики". Литовск. Мат. Сб. (на русском языке). 6: 423-433.
37. Ньютон, Джонатан (2018). "Эволюционная теория игр: Возрождение". Games. 9 (2): 31. doi:10.3390/g9020031.
38. Webb (2007).
39. Lozovanu, D; Pickl, S (2015). Теоретико-игровой подход к марковским процессам принятия решений, стохастическим позиционным играм и многокритериальным моделям управления. Springer, Cham. ISBN 978-3-319-11832-1.
40. Osborne & Rubinstein (1994).
41. МакМахан, Хью Брендан (2006). Надежное планирование в доменах со стохастическими результатами, противниками и частичной наблюдаемостью (PDF) (докторская диссертация). Университет Карнеги-Меллон. стр. 3-4. Архивировано (PDF) из первоисточника 1 апреля 2011.
42. Howard (1971).
43. Ван, Вэньлян (2015). Теория пулинговых игр и государственный пенсионный план. ISBN 978-1-5076-5824-6.

44. Расмусен, Эрик (2007). Игры и информация (4-е изд.). ISBN 978-1-40513666-2.
45. Крепс, Дэвид М. (1990). Теория игр и экономическое моделирование.
46. Aumann, Robert; Hart, Sergiu, eds. (1992). Справочник по теории игр с экономическими приложениями. Vol. 1. pp. 1-733.
47. Aumann, Robert J.; Heifetz, Aviad (2002). "Глава 43 Неполная информация". Справочник по теории игр с экономическими приложениями, том 3. Handbook of Game Theory with Economic Applications. Vol. 3. pp. 1665-1686. doi:10.1016/S1574-0005(02)03006-0. ISBN 978-0-44489428-1.
48. Кафедра электротехники и информатики, инженерный факультет, Университет Гаджах Мада, Джокьякарта, Индонезия; Setya Budi, Rizki Firmansyah; Sarjiya, Sarjiya; Кафедра электротехники и информатики, инженерный факультет, Университет Гаджах Мада, Джокьякарта, Индонезия; Pramono Hadi, Sasongko; Кафедра электротехники и информатики, инженерный факультет, Университет Гаджах Мада, Джокьякарта, Индонезия (31 марта 2021). "Модель теории игр с доминированием большинства и смешанной стратегией для задачи планирования расширения генерации в условиях дерегулирования" (PDF). Международный журнал по электротехнике и информатике. 13 (1): 107-131. doi:10.15676/ijeei.2021.13.1.6.
49. Чанг, Мён Хун (1 марта 2013 г.). "Теория игр: Нетехническое введение в анализ стратегии, Роджер А. Маккейн". Восточный экономический журнал. 39 (2): 267-269. doi:10.1057/eej.2012.26. ISSN 19394632.
50. Фуденберг, Дрю; Тироль, Жан (1991). Теория игр. MIT Press. p. 67. ISBN 978-0-262-06141-4.
51. Уильямс, Пол Д. (2013). Security Studies: an Introduction (второе издание). Abingdon: Routledge. pp. 55-56.
52. Shoham & Leyton-Brown (2008), p. 35.
53. Тагиев, Рустам (3 мая 2011 г.). "Если для предсказания стратегического

взаимодействия реальных агентов требуется нечто большее, чем аналитическое моделирование". arXiv:1105.0558 [cs.GT].
54. Розенталь, Роберт В. (декабрь 1973). "Класс игр, обладающих чисто стратегическими равновесиями Нэша". Международный журнал теории игр. 2 (1): 6567. doi:10.1007/BF01737559. S2CID 121904640.
55. Коллер, Дафна; Мегиддо, Нимрод; фон Штенгель, Бернхард (1994). "Быстрые алгоритмы поиска рандомизированных стратегий в деревьях игр". STOC '94: Proceedings of the Twenty-Sixth Annual ACM Symposium on Theory of Computing: 750-759. doi:10.1145/195058.195451. ISBN 0-89791-663-8. S2CID 1893272.
56. Алур, Раджив; Дилл, Дэвид Л. (апрель 1994). "Теория автоматов с таймером". Theoretical Computer Science. 126 (2): 183-235. doi:10.1016/0304-3975(94)90010-8.
57. Tomlin, C.J.; Lygeros, J.; Shankar Sastry, S. (July 2000). "Теоретико-игровой подход к проектированию контроллеров для гибридных систем". Proceedings of the IEEE. 88 (7): 949-970. doi:10.1109/5.871303. S2CID 1844682.
58. Коллер, Дафна; Пфеффер, Ави (1997). "Представления и решения для теоретико-игровых задач" (PDF). Искусственный интеллект. 94 (1-2): 167-215. doi:10.1016/S0004-3702(97)00023-4. Архивировано (PDF) из первоисточника 11 августа 2017.
59. Michael, Michael Kearns; Littman, Michael L. (2001). "Графические модели для теории игр". In UAI: 253-260. CiteSeerX 10.1.1.22.5705.
60. Kearns, Michael; Littman, Michael L.; Singh, Satinder (7 марта 2011). "Графические модели для теории игр". arXiv:1301.2281 [cs.GT].
61. Лейтон-Браун, Кевин; Тенненхольц, Моше (2005). Игры с локальными эффектами (PDF). Труды Дагстульского семинара. Schloss Dagstuhl-Leibniz-Zentrum fur Informatik. Retrieved 3 February 2023.
62. Дженезерет, Майкл; Лав, Натаниэль; Пелл, Барни (15 июня 2005 г.). "Игры общего назначения: Обзор конкурса AAAI". AI Magazine. 26 (2): 62.

doi:10.1609/aimag.v26i2.1813. ISSN 2371-9621.

63. Клемпнер, Хулио (2006). "Моделирование игр с кратчайшим путем с помощью сетей Петри: теория, основанная на методе Ляпунова". Международный журнал прикладной математики и информатики. 16 (3): 387-397. ISSN 1641-876X.

64. Санников, Юлий (сентябрь 2007). "Игры с несовершенно наблюдаемыми действиями в непрерывном времени" (PDF). Econometrica. 75 (5): 1285-1329. doi:10.1111/j.1468-0262.2007.00795.x. Архивировано (PDF) из первоисточника 13 декабря 2007.

65. Тагиев, Рустам (декабрь 2008). "Мультиагентные игры Петри". 2008 Международная конференция по вычислительному интеллекту для автоматизации управления моделированием: 130-135. doi:10.1109/CIMCA.2008.15. ISBN 978-07695-3514-2. S2CID 16679934.

66. Тагиев, Рустам (2009). "О многоагентных моделях сетей Петри для вычисления обширных конечных игр". Новые вызовы в вычислительном коллективном интеллекте. Studies in Computational Intelligence. Springer. 244: 243-254. doi:10.1007/978-3-642-03958-4_21. ISBN 978-3-642-03957-7.

67. Бхат, Навин; Лейтон-Браун, Кевин (11 июля 2012). "Computing Nash Equilibria of Action-Graph Games". arXiv:1207.4128 [cs.GT].

68. Ларсон, Дженнифер М. (11 мая 2021 г.). "Сети конфликтов и сотрудничества". Annual Review of Political Science. 24 (1): 89-107. doi:10.1146/annurev- polisci-041719-102523.

69. Фридман, Дэниел (1998). "Об экономических приложениях эволюционной теории игр" (PDF). Journal of Evolutionary Economics. 8: 14-53. Архивировано (PDF) из первоисточника 11 февраля 2014.

70. Камерер, Колин Ф. (2003). "1.1 Чем хороша теория игр?". Behavioral Game Theory: Experiments in Strategic Interaction. pp. 5-7. Архивировано из первоисточника 14 мая 2011 года.

71. Росс, Дон (10 марта 2006). "Теория игр". In Zalta, Edward N. (ed.). Stanford Encyclopedia of Philosophy. Stanford University. Retrieved 21 August

2008.
72. Велегол, Даррелл; Сухей, Пол; Коннолли, Джон; Моррисси, Натали; Кук, Лора (14 сентября 2018). "Теория химических игр". Industrial & Engineering Chemistry Research. 57 (41): 13593-13607. doi:10.1021/acs.iecr.8b03835. ISSN 0888-5885. S2CID 105204747.
73. Камерер, Колин Ф. (2003). "Введение". Поведенческая теория игр: Experiments in Strategic Interaction. pp. 1-25. Архивировано из первоисточника 14 мая 2011 г.
74. Ауманн, Роберт Дж. (2008). "Теория игр". The New Palgrave Dictionary of Economics (2nd ed.). Архивировано из оригинала 15 мая 2011 года. Retrieved 22 August 2011.
75. Шубик, Мартин (1981). Arrow, Kenneth; Intriligator, Michael (eds.). Модели и методы теории игр в политической экономии. Handbook of Mathematical Economics, v. 1. 1. pp. 285-330. doi:10.1016/S1573-4382(81)01011-4.
76. Шапиро, Карл (весна 1989 г.). "Теория бизнес-стратегии". The RAND Journal of Economics. Wiley. 20 (1): 125-137. doi:10.2307/2555656. JSTOR 2555656. PMID 10296625..
77. Agarwal, N.; Zeephongsekul, P. (11-12 декабря 2011 г.). Психологическое ценообразование при слияниях и поглощениях с использованием теории игр (PDF). 19-й Международный конгресс по моделированию и имитационному моделированию. Перт. Retrieved 3 February 2023.
78. Тесфацион, Лей (2006). "Глава 16 Вычислительная экономика на основе агентов: Конструктивный подход к экономической теории". Handbook of Computational Economics. 2: 831-880. doi:10.1016/S1574-0021(05)02016- 2. ISBN 9780444512536.
79. Джозеф Ю. Халперн (2008). "Информатика и теория игр". The New Palgrave Dictionary of Economics.
80. Майерсон, Роджер Б. (2008). "Проектирование механизмов". The New Palgrave Dictionary of Economics. Архивировано из оригинала 23 ноября

2011 года. Retrieved 4 August 2011.

81. Майерсон, Роджер Б. (2008). "Принцип откровения". The New Palgrave Dictionary of Economics.

82. Сандхольм, Туомас (2008). "Вычисления при проектировании механизмов". The New Palgrave Dictionary of Economics. Архивировано из оригинала 23 ноября 2011 года. Retrieved 5 December 2011.

83. Нисан, Ноам; Ронен, Амир (апрель 2001). "Конструирование алгоритмических механизмов" (PDF). Игры и экономическое поведение. 35 (1-2): 166-196. CiteSeerX 10.1.1.21.1731. doi:10.1006/game.1999.0790.

84. Нисан, Ноам; Роугарден, Тим; Тардос, Ева; Вазирани, Виджай В., ред. (2007). Алгоритмическая теория игр. Cambridge University Press. ISBN 9780521872829. LCCN 2007014231.

85. Брамс, Стивен Дж. (1994). Глава 30 Процедуры голосования. Справочник по теории игр с экономическими приложениями. Том 2. pp. 1055-1089. doi:10.1016/S1574-0005(05)80062-1. ISBN 978-0-444-89427-4. и Moulin, Herve (1994). Глава 31 Социальный выбор. Справочник по теории игр с экономическими приложениями. Vol. 2. pp. 1091-1125. doi:10.1016/S1574- 0005(05)80063-3. ISBN 978-0-444-89427-4.

86. Смит, Вернон Л. (1992). "Game Theory and Experimental Economics: Beginnings and Early Influences". In Weintraub, E. Roy (ed.). Toward a History of Game Theory. History of Political Economy. Vol. 24. Durham and London: Duke University Press. pp. 241-282. doi:10.1215/00182702-24- Supplement-241. ISBN 978-0822312536. ISSN 0018-2702.

87. Смит, Вернон Л. (2001). "Экспериментальная экономика". International Encyclopedia of the Social & Behavioral Sciences. pp. 5100-5108. doi:10.1016/B0-08-043076-7/02232-4. ISBN 978-0-08-043076-8.

88. Plott, Charles R.; Smith, Vernon L. (eds.). Handbook of Experimental Economics Results. sciencedirect.com. Vol. 1. North-Holland Publishing Company. ISSN 1574-0722 - через Elsevier.

89. Винсент П. Кроуфорд (1997). "Теория и эксперимент в анализе

стратегического взаимодействия", журнал "Успехи в экономике и эконометрике: Theory and Applications, pp. 206-242. Cambridge. Перепечатано в Colin F. Camerer et al., ed. (2003). Advances in Behavioral Economics, Princeton. 1986-2003 papers. Описание, предисловие, Принстон, гл. 12

90. Шубик, Мартин (2002). "Глава 62 Теория игр и экспериментальные игры". Справочник по теории игр с экономическими приложениями, том 3. Handbook of Game Theory with Economic Applications. Vol. 3. pp. 23272351. doi:10.1016/S1574-0005(02)03025-4. ISBN 978-0-444-89428-1.

91. Новый экономический словарь Palgrave. 2008.Фарук Гюль. "Поведенческая экономика и теория игр". Аннотация.

92. Камерер, Колин Ф. (2008). "Поведенческая теория игр". The New Palgrave Dictionary of Economics. Архивировано из оригинала 23 ноября 2011 года. Retrieved 4 August 2011.

93. Камерер, Колин Ф. (1997). "Прогресс в поведенческой теории игр" (PDF). Journal of Economic Perspectives. 11 (4): 172. doi:10.1257/jep.11.4.167. Архивировано (PDF) из первоисточника 31 мая 2012.

94. Камерер, Колин Ф. (2003). Поведенческая теория игр. Princeton. Описание Архивировано 14 мая 2011 на Wayback Machine, предварительный просмотр ([ctrl]+) и ссылка на гл. 1.

95. Камерер, Колин Ф. (2003). Loewenstein, George; Rabin, Matthew (eds.). "Достижения в поведенческой экономике". 1986-2003 Papers. Princeton. ISBN 14008-2911-9.

96. Фуденберг, Дрю (2006). "Продвижение за пределы достижений поведенческой экономики". Журнал экономической литературы. 44 (3): 694-711. doi:10.1257/jel.44.3.694. JSTOR 30032349. S2CID 3490729.

97. Тироль, Жан (1988). Теория промышленной организации. MIT Press. Описание и ссылки на главы: "Общая организация", с. vii-ix, "Теория некооперативных игр", с. 5-6, и "Теория некооперативных игр: Руководство пользователя", гл. 11, с. 423-59.

98. Кайл Багвелл и Ашер Волински (2002). "Теория игр и промышленная организация", гл. 49, Handbook of Game Theory with Economic Applications, v. 3, pp. 1851-1895.
99. Мартин Шубик (1959). Стратегия и структура рынка: Competition, Oligopoly, and the Theory of Games, Wiley. Описание и выдержка из обзора.
100. Мартин Шубик и Ричард Левитан (1980). Структура рынка и поведение, Harvard University Press. Выдержка из обзора. Архивировано 15 марта 2010 года на Wayback Machine.
101. Shuang Zhang, Ninghui Song, Zhiyong He, Maomao Zeng, Jie Chen. Метод анализа остатков нескольких пестицидов, разработанный для роботов-экспериментаторов. Journal of Agricultural and Food Chemistry 2022, 70 (51) , 16424-16434. https://doi.org/10.1021/acs.jafc.2c06229
102. Laihui Li, Nanyang Yu, Xuebing Wang, Wei Shi, Hongling Liu, Xiaowei Zhang, Liuyan Yang, Bingcai Pan, Hongxia Yu, Si Wei. Комплексные исследования воздействия пер- и полифторалкильных веществ на население в целом: Целевой, нецелевой скрининг и прогнозирование токсичности. Environmental Science & Technology 2022, 56 (20) , 14617-14626. https://doi.org/10.1021/acs.est.2c03345
103. Сильвия Имберти (издательский редактор, ACS Omega). Погружение в глубину: Машинное обучение для химика. ACS Omega 2022, 7 (30) , 25906-25908. https://doi.org/10.1021/acsomega.2c04373
104. Рамья Кумар. Полимерные транспортные средства для нуклеиновых кислот: Quo Vadis?. ACS Applied Bio Materials 2022, 5 (6) , 25072535. https://doi.org/10.1021/acsabm.2c00346.
105. Кармен Черчиа, Антонио Лавеккиа. Новые направления в открытии лекарств с помощью искусственного интеллекта. Drug Discovery Today 2023, 28 (4) , 103516. https://doi.org/10.1016/j.drudis.2023.103516
106. Анил Кумар Сингх, Мухаммад Билал, Теофил Есионовски, Хафиз М.Н. Икбал. Применение оксидоредуктаз для устойчивой биокаталитической деградации отдельных эндокринно-деструктивных

химических веществ. Sustainable Chemistry and Pharmacy 2023, 31, 100934. https://doi.org/10.1016/j.scp.2022.100934

107. Хосе Ферраз-Каэтано. Объяснительная торговля искусственным интеллектом на логике открытий в химии. Философия 2023, 8 (2) , 17. https://doi.org/10.3390/philosophies8020017

108. Хулио Сезар Дуарте, Ромуло Диаш да Роша, Итамар Борхес. Какие молекулярные свойства определяют ударную чувствительность взрывчатого вещества? Количественное исследование нитроароматических взрывчатых веществ с помощью машинного обучения. Физическая химия Химическая физика 2023, 25 (9) , 6877-6890. https://doi.org/10.1039/D2CP05339J

109. Юйсиньсинь Чэнь, Янчи Оу, Пейкун Чжэн, Яохуан Хуан, Фучунь Гэ, Павел О. Драль. Бенчмарк квантовомеханического метода AIQM1, основанного на машинном обучении общего назначения, на высотах барьеров реакций. The
Journal of Chemical Physics 2023,158(7),074103.
https://doi.org/10.1063/5.0137101

110. Yingjie Fan, Chuanxiu Yu, Hongmei Lu, Yi Chen, Binbin Hu, Xingren Zhang, Jiaen Su, Zhimin Zhang. Метод автоматического разрешения данных газовой хроматографии-масс-спектрометрии сложных образцов на основе глубокого обучения. Journal of Chromatography A 2023, 1690 , 463768. https://doi.org/10.1016/j.chroma.2022.463768

111. Aizong Shen, Lei Zhang, Yanbo Xie, Xueyu Zhu, Jinming Hu, Shiyong Liu. Инженерия дискретных синтетических макромолекул для биомедицинских применений. Nano Today 2023, 48,101728.
https://doi.org/10.1016/j.nantod.2022.101728

112. Тайки Фудзимото, Хироаки Гото. Выбор признаков для интерпретации антиоксидантных механизмов в растительных фенольных соединениях. Molecules 2023, 28 (3) , 1454. https://doi.org/10.3390/molecules28031454

113. Chasheng He, Chengwei Zhang, Tengfei Bian, Kaixuan Jiao, Weike Su, Ke-Jun Wu, An Su. Обзор по проектированию, синтезу и оптимизации процессов производства химических продуктов для Индустрии 4.0 с использованием искусственного интеллекта. Processes 2023, 11 (2) , 330. https://doi.org/10.3390/pr11020330
114. Паял Б. Джоши. Навигация с помощью хемометрики и машинного обучения в химии. Обзор искусственного интеллекта 2023,10 https://doi.org/10.1007/s10462-023-10391-w
115. Kyeong-jun Jeong, Seungwon Jeong, Sangmin Lee, Chang Yun Son. Предиктивные молекулярные модели для заряженных материальных систем: От энергетических материалов до биомакромолекул. Advanced Materials 2023, 35 (4) , 2204272. https://doi.org/10.1002/adma.202204272
116. Джозеф К. Дэвис, Дэвид Паттисон, Джонатан Д. Херст. Машинное обучение для прогнозирования выхода химических реакций с использованием датчиков in situ. Journal of Molecular Graphics and Modelling 2023, 118 , 108356. https://doi.org/10.1016/j. jmgm.2022.108356.
117. Бабак Махжур, Джордан Бенч, Руй Чжан, Джаред Фрейзер, Тим Сернак. Молекулярная сонификация для передачи информации от молекулы к музыке. Digital Discovery 2023, 3 https://doi.org/10.1039/D3DD00008G
118. Винодх Дж. Сахаяшила, Манендра Б. Ланкадасари, Випин Мохан Дан, Сайед Г. Дастагер, Ганеш Н. Пандиан, Хироши Сугияма. Искусственный интеллект в открытии лекарственных препаратов на основе микробных природных продуктов: современная и перспективная роль. Natural Product Reports 2022, 39 (12) ,2215-2230. https://doi.org/10.1039/D2NP00035K
119. Ajnabiul Hoque, Raghavan B. Sunoj. Глубокое обучение для прогнозирования энантиоселективности при каталитической асимметрической активации связей p-C-H
Реакции. Digital Discovery 2022, 1(6), 926-940.

https://doi.org/10.1039/D2DD00084A

120. Ронгбин Янг, Сантосо Вибово. Доверие пользователей в искусственном интеллекте: Комплексная концептуальная схема. Электронные рынки 2022, 32 (4) , 2053-2077. https://doi.org/10.1007/s12525-022-00592-6

121. Itai Levin, Mengjie Liu, Christopher A. Voigt, Connor W. Coley. Слияние ферментативной и синтетической химии с помощью вычислительного планирования синтеза. Nature Communications 2022, 13(1) https://doi.org/10.1038/s41467-022-35422-y

122. Стефано Перни, Полина Прокопович. Целесообразность и применение машинного обучения для быстрого скрининга поли-бета-аминоэфиров для терапии хрящевой ткани. Scientific Reports 2022, 12(1)https://doi.org/10.1038/s41598-022-18332-3

123. Xinyi Wu, Yun Zhang, Jiahui Yu, Chengyun Zhang, Haoran Qiao, Yejian Wu, Xinqiao Wang, Zhipeng Wu, Hongliang Duan. Метод дополнения виртуальных данных для прогнозирования реакций. Scientific Reports 2022, 12 (1) https://doi.org/10.1038/s41598-022-21524-6

124. Гранди Сандип Ганеш, Аравинда Саи Колусу, Кондури Прасад, Паван Кумар Самудрала, Кумар В.С. Неммани. Продвижение здравоохранения с помощью искусственного интеллекта: От концепции к клинике. European Journal of Pharmacology 2022, 934, 175320. https://doi.org/10.1016/j.ejphar.2022.175320

125. Иман Эулджи, Шериф Си-Мусса, Мабрук Хамадаче, Отман Бенкортби. QSPR-моделирование растворимости лекарственных и лекарственно-подобных соединений в сверхкритическом диоксиде углерода. Молекулярная информатика 2022, 41 (10) , 2200026. https://doi.org/10.1002/minf.202200026

126. Mohsen Tamtaji, Hanyu Gao, Md Delowar Hossain, Patrick Ryan Galligan, Hoilun Wong, Zhenjing Liu, Hongwei Liu, Yuting Cai, William A. Goddard, Zhengtang Luo. Машинное обучение для поиска принципов

дизайна одноатомных катализаторов для электрохимических реакций. Journal of Materials Chemistry A 2022, 10(29), 15309-15331. https://doi.org/10.1039/D2TA02039D

127. Глория А Сулли, Мэтью М Монтемор. Последние достижения в области
универсальная модель машинного обучения для энергетики реакций в гетерогенном катализе. Current Opinion in Chemical Engineering 2022, 36 , 100821. https://doi.org/10.1016/j.coche.2022.100821

128. Мантас Васкевичус, Юргита Капочюте-Дзикене, Людас Слепикас. Моделирование условий кристаллизации для очистки продуктов органического синтеза с помощью глубокого обучения. Электроника 2022, 11 (9) , 1360. https://doi.org/10.3390/electronics11091360

129. Хесус И. Мартинес Альварадо, Джонатан М. Мейнхардт, Сонг Лин. Работа на стыке науки о данных и синтетической электрохимии. Tetrahedron Chem 2022, 1, 100012. https://doi.org/10.1016/j.tchem.2022.100012

130. Мохит Пандей, Майкл Фернандес, Франческо Джентиле, Александр Исаев, Александр Тропша, Абрахам К. Стерн, Артем Черкасов. Трансформационная роль вычислений на GPU и глубокого обучения в открытии лекарств. Nature Machine Intelligence 2022, 4 (3), 211-221. https://doi.org/10.1038/s42256-022-00463-x

131. Фернандо Гомоллон-Бель, Хавьер Гарда-Мартмес. Новые химические технологии для лучшего мира. Nature Chemistry 2022, 14 (2) , 113-114. https://doi.org/10.1038/s41557-021-00887-9

FSC
www.fsc.org
MIX
Papier aus verantwortungsvollen Quellen
Paper from responsible sources
FSC® C105338

Printed by Books on Demand GmbH, Norderstedt / Germany